JavaScript
快速入门与开发实战

郭超 著

化学工业出版社

·北京·

内容简介

本书分 14 章对 JavaScript 编程语言展开介绍，从 JavaScript 发展历史到基本语法、面向对象编程、程序调试、DOM 操作、BOM 操作，最后到 JavaScript 高级应用，还有 ES6 新特性、Promise 异步编程和模块化开发等技术内容，全方位系统地介绍了作为一名前端开发人员所必须要掌握的 JavaScript 内容。

如果您有过 JavaScript 的开发经验，相信您读完这本书也会纠正个人技术认知上的部分误区，如果您是一位初学者，本书也同样适合您，不过需要您把学习本书看作是一个长期任务，可以根据书中的编写案例认认真真地加以练习总结，相信在不久后同样可以深入掌握 JavaScript。

图书在版编目（CIP）数据

JavaScript 快速入门与开发实战 / 郭超著. —北京：
化学工业出版社，2023.7
ISBN 978-7-122-43372-5

Ⅰ.①J… Ⅱ.①郭… Ⅲ.①JAVA 语言-程序设计
Ⅳ.①TP312.8

中国国家版本馆 CIP 数据核字（2023）第 085871 号

责任编辑：刘丽宏　　　　　　　　　　　文字编辑：陈　锦　李亚楠　陈小滔
责任校对：张茜越　　　　　　　　　　　装帧设计：刘丽华

出版发行：化学工业出版社（北京市东城区青年湖南街 13 号　邮政编码 100011）
印　　刷：北京云浩印刷有限责任公司
装　　订：三河市振勇印装有限公司
787mm×1092mm　1/16　印张 17½　字数 429 千字　2024 年 5 月北京第 1 版第 1 次印刷

购书咨询：010-64518888　　　　　　　　售后服务：010-64518899
网　　址：http://www.cip.com.cn
凡购买本书，如有缺损质量问题，本社销售中心负责调换。

定　价：89.00 元

　　首先感谢您从众多的 JavaScript 书籍中选择本书，书中内容也正如其名，对于每一个章节的内容编排，技术点的介绍，案例的分析，采用循序渐进、由浅入深的方式展开叙述，帮助爱好 JavaScript 编程的读者能够系统性、完整性地去掌握 JavaScript 编程语言。

　　本书一共分为 14 章：

　　第 1 章主要介绍了 JavaScript 的发展历史，包括 JavaScript 特点、应用场景和组成。

　　第 2 章主要介绍了在网页中使用 JavaScript 的三种方式。

　　第 3～5 章主要介绍了 JavaScript 的基本语法，包括变量、常量、数据类型及转换、运算符、注释、输入输出语句，三大程序的流程控制、数组等内容。此 3 章是 JavaScript 编程的基本功，必须要牢牢掌握该部分内容，这会对今后的代码编写产生很深的影响。

　　第 6 章主要介绍了程序调试及常见的错误类型，该章内容是每个开发者所必须掌握的，是考验开发者排错能力的重要内容。

　　第 7 章主要介绍了函数的内容，重点介绍了函数的定义、使用函数、函数参数、作用域、提升机制、高阶函数、立即执行函数等内容。函数是 JavaScript 编程语言的"一等公民"，函数的使用，是今后常见的操作之一。

　　第 8 章主要介绍了面向对象，从什么是对象，到创建对象的方式，到原型、原型链和原型继承的学习，this 关键字的使用，四种继承方式以及常用的内置对象等。通过本章的学习可以提高开发者编写代码的质量，对后面的 JavaScript 高级内容、框架的学习很有帮助。

　　第 9～10 章主要介绍了 DOM 操作和 BOM 操作，通过学习 DOM 和 BOM，让开发者具备了操作文档和浏览器的能力，让网页可以动起来，和用户的交互性更好。

　　第 11 章主要介绍了 JavaScript 的高级篇内容，包括对象增强、内存管理、闭包、深拷贝和浅拷贝、JSON、防抖和节流以及 WebStorage 存储方案，这块知识可以提高开发者的内功，也是作为一个中高级前端开发者所必备的技能，也是开发者求职面试中被常问的高频知识。

　　第 12～14 章主要介绍了 ECMAScript6（ES6）的新特性，包括模板字符串、常量和变量定义、箭头函数、剩余参数、函数参数默认值、展开运算符、Promise 异步编程、模块化开发等技术内容，ES6 内容的学习是学习前端框架的必修课。

　　本书在章节编排上，整体上分为两大部分，第 1～11 章主要是 ECMAScript5（ES5）的内容，第 12～14 章主要是 ECMAScript6（ES6）的内容。各章节的内容是按照由浅入深的方式进行排列，但编程技术知识点内容从来都不是线性的，会存在前一章节的内容需要后一章节的技术做支撑的情况，如果您遇到了类似这样的情况，可以先暂时了解该知识点，待后续章节学习完毕之后，再回过头来思考。

建议读者在学习编程开发的过程中，一定要勤于思考，多总结，多练习，对于案例的学习，要理清楚思路和关键点分析，逐步培养自己的编程思维，切勿眼高手低、好高骛远。

本书在编写过程中，虽然笔者付出了很大的努力，但是书中内容也可能存在疏漏和解释不清楚的情况，欢迎各位读者批评指正。

最后感谢读者的支持，也愿您从本书中有所收获，有所成长。本书配套课件与程序源代码可扫下方二维码下载。

著者

课件

程序源代码

欢迎关注公众号
获取更多学习资源

目录

CONTENTS

第1章
JavaScript入门

1.1 初识 JavaScript

从现在开始，我们就正式开始 JavaScript 编程语言的学习。JavaScript 编程语言作为赋予网页生命的前端基础技术，同时作为前端开发工程师日常使用的编程语言，是每一位前端开发者的必修课。

1.1.1 JavaScript 的发展历史

JavaScript 诞生于 1995 年，是由 Netscape Communications Corporation（网景通信公司）Brendan Eich（布兰登·艾奇）工程师仅耗时十天发明出来的。

JavaScript 最初设计的目的主要是用来处理前端网页中的验证，比如表单的用户名长度、邮箱格式、电话号码格式等。在 JavaScript 还未问世时，这些工作都是由服务器端来处理的，这样我们不禁要问：既然服务器端已然能够实现，那网景公司为什么还要去开发这项技术呢？大家不要忘记了，在人们还是普遍使用电话拨号上网的时候，能够在浏览器客户端完成这样的验证工作绝对是让人欣喜若狂的。毕竟，拨号连接速度是非常慢的，就连向服务器端发送一个简单的请求，浏览器端都需要很久才能响应。正是在这样的背景下，JavaScript 诞生了。实际上，这门语言一开始并不叫 JavaScript，而是叫 LiveScript，这是因为当时 SUN 公司推出的 Java 语言非常火爆，如此命名纯粹是为了能蹭一把热度，才将 LiveScript 改为了 JavaScript，这两门编程语言本质上没有任何关系，就好像老婆和老婆饼的关系一样。

随后的 1996 年，微软公司也推出了自己对 JavaScript 的实现语言 JScript。

同时，为了确保不同的浏览器上执行的 JavaScript 标准一致，ECMA（欧洲计算机制造商协会）组织制定了 JavaScript 规范和标准，即 ECMAScript。

经过计算机技术不断地迭代更新，如今的 JavaScript 不仅能够运行在浏览器端，还能在服务器端执行，同时也成了前端开发人员的最爱与新宠。

1.1.2 JavaScript 的特点

（1）面向对象的编程语言

JavaScript 是基于原型的面向对象编程语言，一切皆对象。

（2）动态语言

JavaScript 是动态语言，所谓动态语言是指在运行时才能确定数据类型的语言，变量在使用之前无须声明具体的类型，但是并不是说变量是没有数据类型的，而是在真正运行的时候，变量的类型才能确定，可能上一个时刻是数字类型，下一个时刻就变成了布尔类型。

（3）解释性的脚本语言

解释性语言是指程序在编写好之后可以直接运行，而且是在运行过程中，一边解释一边执行。

（4）严格区分大小写

JavaScript 是严格区分大小写的，比如定义的变量 hello 和 Hello 这是两个完全不同的变量。

（5）可移植性好

JavaScript 的执行需要浏览器的支持，现如今，绝大部分的浏览器都可以执行 JavaScript 程序。同时，JavaScript 也可以在不同的平台上运行（如 Window、Mac、Linux 等）。

（6）基于事件驱动

所谓事件驱动，通俗的理解就是行为或动作。比如当用户点击了页面上的一个按钮，就可以触发一个点击事件，进而执行一些操作，实现相应功能。

1.1.3 JavaScript 的应用场景

如今的 JavaScript 已然是最流行的编程语言之一，JavaScript 的用途非常广泛，主要使用场景如下：

- 表单的动态校验
- 网页特效
- 服务器端开发
- 游戏开发
- 物联网
- 微信小程序
- 数据可视化
- 移动端开发

1.1.4 JavaScript 的开发工具

"工欲善其事，必先利其器"，使用 JavaScript 编写程序或开发软件，一款合适、高效、方便的开发工具是必不可少的。在这里，简单介绍几款常用的 JavaScript 开发工具。

（1）WebStorm

JetBrains 公司推出的前端工具，是收费的。有着最为智能的代码提示、代码重构、版本控制工具、本地历史功能等，在开发体验上被誉为"Web 前端开发神器"一点也不过分。

（2）Visual Studio Code

微软公司开发的一款工具，是开源免费的。有启动快、插件和快捷键丰富、代码高亮、TypeScript 支持好等特性，也深受前端开发人员的喜爱。

（3）Sublime Text

一个轻量级的代码编辑器，有友好的用户界面，灵活的插件机制扩展编辑器，优秀的代码自动补全以及代码片段功能，可以更快速地开发。

（4）Hbuilder

DCloud（数字天堂）公司推出的开发工具，有完整的语法提示、代码块提示、强大的快捷键语法等特性，同时在移动端开发上也使用用户有非常好的体验。

1.2 JavaScript 的组成

JavaScript 包括三部分，分别是：

- ECMAScript
- DOM
- BOM

如图 1-1 所示。

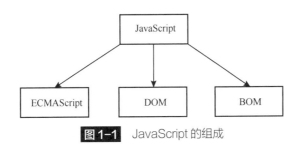

图 1-1 JavaScript 的组成

下面对 JavaScript 包含的三块内容做简单的介绍。

（1）ECMAScript

是 JavaScript 编程语言的标准和规范，由 ECMA 组织进行制定，该标准主要内容包括了 JavaScript 编程的基本语法和核心知识，比如变量定义、命名约定、内置对象等。

（2）DOM

全称叫 Document Object Model，简称 DOM，是文档对象模型，本质就是专门用来处理可扩展标记语言的一套接口，W3C 组织推荐使用。要注意的是，DOM 本身不是 JavaScript 的专属，DOM 本身是一个接口规范，就是一系列的函数，对于其他的编程语言来说，也是通过这样的一系列函数来操作文档内容的。

（3）BOM

全称叫 Browser Object Model，简称 BOM，是浏览器对象模型，和网页中的内容无关，是专门用来操作浏览器的一套接口，比如获取屏幕尺寸，控制浏览器跳转、刷新等功能。

小结

JavaScript 是一种专为网页交互而设计的脚本语言。本章主要介绍了 JavaScript 的发展历史、特点、应用场景以及编写 JavaScript 代码常用的开发工具，最后讲解了 JavaScript 的三大核心组成，分别是 ECMAScript、DOM 和 BOM。通过本章的学习，读者能够达到对 JavaScript 有一个宏观的认识即可。

第2章
在网页中使用JavaScript

初步了解了 JavaScript 编程语言，下面来介绍 JavaScript 代码如何在网页中使用。一般来说，有三种方式：

- 行内方式
- 内嵌方式
- 链接外部 JavaScript 文件方式

2.1 行内方式

行内方式就是在 html 标签中使用 JavaScript 脚本作为标签的属性值。这种方式可读性差，适用于单行或者少量的 JavaScript 代码。

2.1.1 通过 "JavaScript:" 调用函数

示例代码如下：

```
<body>
    <a href="javascript:alert('百度一下呗')">百度一下,你就知道</a>
</body>
```

2.1.2 在事件属性中调用函数

这种方式是把 JavaScript 代码写在了 html 标签的事件属性中。示例代码如下：

```
<body>
    <button onclick="alert('按钮被点击了')">点我</button>
</body>
```

2.2 内嵌方式

内嵌方式是把 JavaScript 代码写到了 script 标签中。示例代码如下：

```
<script type="text/javascript">
    alert('HelloWorld');
</script>
```

2.3 链接外部 JavaScript 文件方式

这种方式把 JavaScript 代码单独定义到一个 JavaScript 文件（以 ".js" 作为扩展名），最后在 html 中通过 script 标签引入外部 JavaScript 文件。示例代码如下。

第一步：定义外部 JavaScript 文件，命名为 my.js。代码如下：

```
alert('今天天气很不错...');
```

第二步：定义页面文件，命名为 index.html，引入 my.js。代码如下：

```
<head>
    <meta charset="UTF-8">
    <script src="my.js"></script>
</head>
```

请读者注意一个细节问题：使用 script 标签引入 my.js 文件时，script 标签中是不可以写代码的，因为即便写上，代码也会被忽略。示例代码如下：

```
<head>
    <meta charset="UTF-8">
    <script src="my.js">
        // 在引入外部 js 文件的同时还在标签体中写 js 代码,标签体中的代码会被忽略。
        alert('冬天来了...');
        alert('冬天来了...');
        alert('冬天来了...');
    </script>
</head>
```

小结

本章作为 JavaScript 编程入门，主要介绍了在网页端编写 JavaScript 代码的三种方式，尤其对于内嵌的方式写法，在今后的案例中会大量使用，需要重点掌握。

第3章
JavaScript基本语法

3.1 变量

3.1.1 概述

程序是在内存中运行的,程序在运行过程中需要对数据进行运算和操作,比如要实现两个数的乘法,需要对这两个数以及结果进行存储,存储就需要内存空间。那么问题来了,在计算机中,该如何表示一块内存空间呢?答案就是变量。

所谓的变量,本质就是程序在内存中申请的一块用来存储数据的内存空间。通俗来说,变量就是一个容器,用来存放数据的容器。类似于家里的衣柜,一个格子就是一个变量。变量如图 3-1 所示。

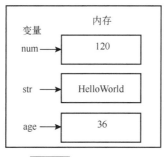

图 3-1 变量的概念

3.1.2 变量的使用

知道了变量的概念,下面介绍变量的使用。一般来说,变量的使用分为两个步骤。首先声明变量，其次给变量赋值。

（1）第一步：声明变量

语法：使用 var 关键字来声明变量，一旦通过 var 关键字声明好变量，就会自动为变量开辟一块内存空间。

示例：var num;

解析：num 是变量名，相当于在内存中开辟了一块空间，并为该空间起一个名字。

（2）第二步：变量赋值

语法：需要使用 "=" 把数据存储到变量中。

示例：num = 200;

解析：表示的含义是将 200 这个值保存到一个名称为 num 的内存空间中。

（3）补充：声明并直接赋值

语法：变量在使用的时候，JavaScript 语言允许声明变量的同时直接给变量赋值，也叫变量的初始化。

示例：var num = 100;

解析：声明一个变量 num，并将 100 这个值赋值给这个变量。

3.1.3 变量的重新赋值

变量被赋予值之后，变量中存储的这个值是可以变化的，也就是说可以给这个变量重新赋予不同的值，这个过程就是变量重新赋值。一旦变量被重新赋值，那么原来的值将被覆盖，变量中存储的值将以最后一次赋的值为准。示例代码如下：

```
<script type="text/javascript">
    // 声明变量并赋值
    var num = 100;
    // num 被重新赋值,那存储空间中存储的值就是 200
    num = 200;
</script>
```

3.1.4 变量使用注意事项

（1）事项一：

使用 var 关键字可以一次性声明多个变量，多个变量之间用英文状态的逗号分隔。

示例：var username = 'HelloWorld' , age = 30 , nation = '汉族';

（2）事项二：

如果直接给变量赋值，可以不使用 var 关键字，但是强烈建议不要这么做。

示例：username = 'Spring';

（3）事项三：

如果仅仅使用 var 关键字声明了变量但不赋值，那么变量的默认值是 undefined。

3.1.5 变量命名规范

学会了变量的使用，接下来要介绍的是如何给变量起名字，JavaScript 对变量名的设置是有规范的，规范如下：

● 使用字母(A-Z，a-z)、数字(0-9)、下划线(_)、美元符号($)组成，注意不能以数字开头；

● 变量名是区分大小写的。var username 和 var userName 是两个完全不同的变量；

● 不能是关键字或者保留字。var 就不能作为变量名，因为它是一个关键字；

● 起变量名要做到见名知意，有意义，这样的变量既方便使用，又能增强程序的可读性；

● 使用驼峰法命名，当变量名为几个单词的组合时，第一个单词首字母小写，后边的单词首字母大写。例如 userName、myAge 等。

3.1.6 案例：两个变量的交换

需求：实现 x 和 y 两个变量值的交换。

错误写法：

```
<script type="text/javascript">
    var x = 12;
    var y = 45;

    x = y;
    y = x;

    alert(x);
    alert(y);
</script>
```

对于两个变量的交换，不能相互赋值，这样并不能达到交换值的目的。具体原因解析如图 3-2 所示。

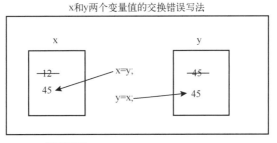

图 3-2 两个变量值交换的错误写法

正确写法：

两个变量的交换，需要借助第三方变量，即一个空的第三方容器，这个容器的作用是实现中转的目的。代码如下：

```
<script type="text/javascript">
    var x = 12;
    var y = 45;

    // 申请一个空间,定义一个变量
    var z;

    // 将 x 的值赋值给 z
    z = x;
    // 将 y 的值赋值给 x
    x = y;
    // 将 z 的值赋值给 y
    y = z;

    alert(x);
    alert(y);
</script>
```

3.2 数据类型

3.2.1 概述

到目前为止,我们已经学习了如何将数据存储到变量(内存空间)中,但是在计算机中不同的数据所需占用的存储空间是不同的,为了充分利用内存空间,JavaScript 把不同的数据进行了分类,也就是不同的数据具有不同的数据类型。

3.2.2 数据类型的分类

JavaScript 把数据类型分成了两大类。

(1)简单数据类型

简单数据类型又叫基本数据类型,共计六种,分别是数字型 Number、字符串型 String、布尔型 Boolean、Null 类型、Undefined 类型、Symbol 类型(ES6 新增类型)。

(2)复杂数据类型

复杂数据类型又叫引用数据类型,包括:对象 Object、数组 Array、函数 Function、日期 Date、数学 Math、正则表达式 RegExp(注:后面章节会逐一讲解介绍)。

3.2.3 数字类型

JavaScript 只有一种数字类型,包含了整数和小数。示例代码如下:

```
<script type="text/javascript">
    // 数字类型
```

```
    var x1 = 12; // 整数
    var x2 = 5.88; // 小数

    var x3 = Number.MAX_VALUE; // 整数最大值
    var x4 = Number.MIN_VALUE; // 整数最小值

    var x5 = Number.MAX_SAFE_INTEGER; // 安全使用的最大整数
    var x6 = Number.MIN_SAFE_INTEGER; // 安全使用的最小整数
</script>
```

数字类型有三个特殊值，一是 NaN（非数值），二是 Infinity（无穷大），三是-Infinity（无穷小）。

```
<script type="text/javascript">
    // 数字类型
    var x = 9 / 0;                // 结果是：Infinity
    var y = -9 / 0;               // 结果是：-Infinity
    var z = 10 * 'HelloWorld';    // 结果是：NaN
</script>
```

3.2.4　字符串类型

字符串即一串文本，由任意多个字符组成。语法是使用单引号或双引号括起来，且必须成对使用，不过建议使用单引号括起来。示例代码如下：

```
<script type="text/javascript">
    // 字符串类型
    var str1 = '好好学习,天天向上';

    var str2 = "今天天气很晴朗,处处好风光";

    var str3 = 小明爱敲代码; // 会报错
</script>
```

下面介绍关于字符串的一些基本操作：

（1）获取字符串的长度

一个字符串是由任意多个字符组成的，字符的个数就是字符串的长度。可以通过字符串的 length 属性获取字符串的长度。

```
<script type="text/javascript">
    // 字符串类型
    var str = 'Hello World';
    // 获取字符串的长度
    var len = str.length; // 长度是11
</script>
```

（2）字符串的拼接

可以将字符串与任意的数据类型做拼接，最终得到一个拼接好的新字符串。注意：字符串一旦创建就不可改变，对于字符串的拼接，得到的是新字符串。示例代码如下：

```
<script type="text/javascript">
    // 字符串类型
    var str1 = 'Hello';

    var str2 = 'World';

    // 字符串拼接
    var str3 = str1 + str2;
</script>
```

（3）字符串的转义

在 JavaScript 中，字符串的语法是使用单引号括起来的一串字符。如果在这一串字符中本身就包含了单引号（也就是说单引号本身是作为整个字符串的一部分），此时就需要对该字符串进行转义。示例代码如下：

```
<script type="text/javascript">
    // 字符串类型

    // 使用 \ 表示转义符
    var str = 'Hello World,\'郭郭\'';
</script>
```

转义的语法是"\"，所谓的转义是说可以去改变字符原本的含义。在 JavaScript 中，单引号的本身含义是字符串的标志，前面加上"\"转义字符，那么单引号就失去了这个功能，成了普通字符。

（4）获取指定位置的字符

```
<script type="text/javascript">
    // 字符串类型
    var str = 'Hello World';
    var char = str[1];
</script>
```

3.2.5 布尔类型

布尔类型代表一个逻辑值，这个类型只有真和假两个值，即 true 和 false。注意：true 和 false 必须是全部小写才表示布尔值。布尔值通常用来作为比较后的结果。示例代码如下：

```
<script type="text/javascript">
    // 布尔类型
    // >> 表示真
    var isShow = true;
</script>
```

3.2.6 Null 类型

Null 类型只有一个值，即 null。Null 用来表示一个特殊值，用来描述"空值"。如果要定义一个变量将来用于保存对象，可以将该变量的初始值设置为 null。

```
<script type="text/javascript">
    // Null 类型
    // >> 初始化变量为 null,表示空对象
    var obj = null;
</script>
```

3.2.7 Undefined 类型

Undefined 类型只有一个值，即 undefined。使用 var 关键字声明变量但是并没有为其赋值，那么这个变量的初始值就是 undefined。所以一般来说，不需要显式地把一个变量设置为 undefined。

```
<script type="text/javascript">
    // Undefined 类型
    // >> 只是声明变量, 此时变量值就是 undefined
    var obj;
</script>
```

3.2.8 typeof 关键字

typeof 用来检测变量的数据类型，将结果以字符串的形式返回，并且字符串全部为小写，通过字符串的值说明检测的变量是什么类型。

实际上 JavaScript 是一门弱类型的编程语言，拥有动态类型。到目前为止，不论什么类型的变量都是用 var 关键字进行声明。但是变量本身是具有类型的，在程序运行过程中，变量的类型是由"="赋值号右边的值的类型决定的，程序运行完毕，变量的类型也就随之确定了。同时，对于同一个变量，可以赋予不同数据类型的值，但是这个变量的值具体是什么数据类型，取决于最后一次赋予的变量的值的类型。换言之，变量的数据类型根据值的数据类型的不同，是可以动态变化的。

现在的问题是给定一个变量，该如何确定此变量的数据类型呢？在 JavaScript 中，可以通过 typeof 关键字实现。示例代码如下：

```
<script type="text/javascript">
    // 数字型
    var num = 40;
    console.log(typeof num); // number

    // 字符串型
    var str = 'HelloWorld';
    console.log(typeof str); // string

    // 布尔型
    var flag = true;
    console.log(typeof flag); // boolean
```

```
    // Undefined 类型
    var username;
    console.log(typeof username); // undefined

    // Null 类型
    var password = null;
    console.log(typeof password); // object
</script>
```

3.3 数据类型转换

3.3.1 概述

为什么需要数据类型转换呢？在实际开发中，通过表单或者 prompt 等方式去获取某些值的时候，往往获取的数据是字符串类型的，但有时所需要的数据并不是字符串，可能需要对获取的数据进行加减乘除等数学运算，而字符串数据不能直接进行简单的加减乘除，此时就需要对数据进行类型转换。

类型转换就是将一种数据类型的数据转换成另一种数据类型的数据，类型转换总是返回基本类型值。数据类型转换有两种：一是显式类型转换/强制类型转换；二是隐式类型转换/自动类型转换。

3.3.2 显式类型转换

（1）非字符串到字符串的类型转换：

- 方式一：toString()
- 方式二：String()

```
<script type="text/javascript">
    // toString()
    var num1 = 20;
    var str1 = num1.toString();

    var flag1 = true;
    var str2 = flag1.toString();

    // String()
    var str3 = String(30);
    var str4 = String(false);
</script>
```

需要注意的是，null 和 undefined 不能使用 toString 方式。

（2）非数字到数字的类型转换：
- 方式一：parseInt(字符串)
- 方式二：parseFloat(字符串)
- 方式三：Number()

```javascript
<script type="text/javascript">
    // parseInt(字符串)和parseFloat(字符串)
    var num1 = parseInt('20'); // 20
    var num2 = parseInt('3.14'); // 3
    var num3 = parseInt('12Hello'); //12
    var num4 = parseInt('Spring'); // NaN
    var num5 = parseFloat('20'); // 20
    var num6 = parseFloat('3.14'); // 3.14
    var num7 = parseFloat('12Hello'); //12
    var num8 = parseFloat('Spring'); // NaN
    // Number()
    var num9 = Number('56.78'); // 56.78
    var num10 = Number('Spring'); // NaN
</script>
```

（3）非布尔值到布尔值的类型转换：
- 只有一种方式：Boolean()

```javascript
<script type="text/javascript">
    var b1 = Boolean('HelloWorld'); // true
    var b2 = Boolean(66); // true
    var b3 = Boolean(undefined); // false
    var b4 = Boolean(null); // false
    var b5 = Boolean(0); // false
    var b6 = Boolean(NaN); // false
    var b7 = Boolean(''); // false
</script>
```

3.3.3　隐式类型转换

（1）非字符串到字符串的类型转换：
- 只有一种方式："+"号字符串拼接

```javascript
<script type="text/javascript">
    var str1 = 20 + '';
    var str2 = true + '';
</script>
```

（2）非数字到数字的类型转换：
- 方式一：减乘除运算符
- 方式二：+号作为正号解析也可以转换为数字

```javascript
<script type="text/javascript">
    // 减乘除运算符
```

```
    var num1 = '20' - 0;
    var num2 = '30' * '30';
    var num3 = '30' / 1;
    // +号作为正号解析也可以转换为数字
    var num4 = +'66' + 90;
</script>
```

3.4 运算符

3.4.1 概述

运算符是用于赋值、比较值、执行算术运算等功能的符号。在 JavaScript 中，常用的运算符有：算术运算符、关系运算符、逻辑运算符、赋值运算符和三目运算符。

3.4.2 算术运算符

（1）加、减、乘、除、取模运算

```
<script type="text/javascript">
    // 加减乘除
    var x = 23;
    var y = 4;

    var r1 = x + y; // 27
    var r2 = x - y; // 19
    var r3 = x * y; // 92
    var r4 = x / y; // 5.75,不是整除,是除法

    // 取模/取余,余数的符号取决于被除数
    var r5 = 45 % 2; // 1
    var r6 = -45 % 2; // -1
    var r7 = 45 % -2; // 1
    var r8 = -45 % -2; //-1

    // 两个小数相加的需要注意精度的问题
    var num1 = 0.1;
    var num2 = 0.2;
    var r9 = num1 + num2; // 0.30000000000000004
</script>
```

需要注意以下几点：

- 小数在参与运算时，要注意精度问题，不能直接判断两个小数是否相等；
- 两个数取模，余数的符号取决于被除数的符号；
- "/"表示除法运算，不是整除，该运算符要和其他编程语言区别开来。

（2）递增和递减

如果有一个变量 num=10，需要实现对变量的值加 1，此时可以这样做：num = num + 1；如果需要实现对变量的值减 1，此时可以这样做：num = num – 1；这样的写法属于普通的写法。事实上，在 JavaScript 中，还可以使用递增（++）和递减（--）运算符来实现。

在 JavaScript 中，递增和递减都属于一元运算符。所谓一元运算符，表示只能操作一个值的运算符。对于递增和递减各自都有两个版本：

- 前置型：运算符（++/--）放在变量前面
- 后置型：运算符（++/--）放在变量后面

```
<script type="text/javascript">
    // 递增运算符
    // >> 前置
    var num1 = 23;
    ++num1; // 24

    // >> 后置
    var num2 = 23;
    num2++; // 24
</script>

<script type="text/javascript">
    // 递增运算符
    // >> 前置
    var num1 = 23;
    var num2 = 10;
    var r1 = (++num1) + (++num2); // r1=35,num1=24,num2=11

    // >> 后置
    var num3 = 23;
    var num4 = 10;
    var r2 = (num3++) + (num4++);  // r2=33,num3=24,num4=11
</script>
```

对于递增运算符有几点需要说明（递减运算符同理）：

- 前置递增：先加 1，后运算；
- 后置递增：先运算，再加 1；
- 前置递增和后置递增，单独使用，没有区别；
- 前置递增和后置递增和其他变量参与运算，运算结果不同，但是最终自增的变量都会加 1。

3.4.3 关系运算符

关系运算符又叫比较运算符，用来比较两个数值之间的关系，比较之后返回的结果是一个布尔类型。关系运算符有如表 3-1 所示八种。

运算符号	含义	举例	结果
>	大于号	5 > 4	true
<	小于号	5 < 4	false
>=	大于等于号	5 >= 5	true
<=	小于等于号	5 <= 5	true
==	相等	12 == 12	true
!=	不相等	12 != 12	false
===	恒等	12 === 12	true
!==	不全等	12 !== 12	false

```
<script type="text/javascript">
    // 关系运算符
    var r1 = 5 >= 5; // true
    var r2 = 5 >= '5'; // true,字符串 5 隐式转换为数字 5,再进行比较

    var r3 = 100 == 100; // true
    var r4 = 100 == '100'; // true

    var r5 = 100 === 100; // true
    var r6 = 100 === '100'; // false

    var r7 = null == undefined; // true
    var r8 = null === undefined; // false

    var r9 = NaN == NaN; // false (自己和自己都不相等的值)
</script>
```

对于关系运算符，有几点需要说明：

- Undefined 只与 null 相等，两者在数值上是相等的，但是类型不同；
- NaN 和任何值都不相等，自己和自己也不相等；
- 在进行>、<、<=、>=比较时，会隐式地转换为数字类型；
- ==比较运算符，比较的是值是否相等，会做隐式转换；
- ===比较运算符，不仅比较值，还比较数据类型，只有值和数据类型完全一致才相等，这种叫恒等。

3.4.4　逻辑运算符

逻辑运算符是专门用来对布尔值进行运算的运算符，返回的结果同样是一个布尔值。有如表 3-2 所示三种。

⊡ 表 3-2　逻辑运算符

运算符号	含义	举例	结果
&&	与、且	true && true	true
||	或	true || false	true
!	非、取反	!true	false

```html
<script type="text/javascript">
    // 逻辑运算符

    // &&(与)：两侧的条件表达式必须都是true,结果才是true
    var r1 = 23 > 21 && 18 < 24; // true
    var r2 = 23 > 21 && 18 > 24; // false

    // ||(或)：两侧的条件表达式必须都是false,结果才是false
    var r3 = 23 < 21 || 18 > 24; // false
    var r4 = 23 < 21 || 18 < 24; // true

    // !(取反)
    var r5 = !(23 > 21); // false
    var r6 = !(23 < 21); // true
</script>

<script type="text/javascript">
    var x = 9;
    var y = 16;
    var z = 15;

    var b1 = (x++ > y) && (z++ < y); // b1 的值为false, x 的值10, z 的值为15
</script>

<script type="text/javascript">
    var x = 9;
    var y = 4;
    var z = 15;

    var b1 = (x++ > y) || (z++ < y); // b1 的值是 true,x 的值是 10,z 的值是 15
</script>
```

对于逻辑运算符而言，有几点需要说明：

● 对于逻辑与来说，&& 两边的表达式的结果都是 true，则结果为 true，有一个为 false，则结果为 false；

● 对于逻辑或来说，|| 两边的表达式的结果都是 false，则结果为 false，有一个为 true，则结果为 true；

● 逻辑与和逻辑或会发生"短路"现象；

● 逻辑与短路：左边的表达式的结果为 false，就没有必要再去计算后面的表达式了，直接返回 false；

● 逻辑或短路：左边的表达式的结果是 true，就没有必要再去计算后面的表达式了，直接返回 true。

3.4.5 赋值运算符

赋值运算符就是将一个值赋值给一个变量的运算符。常用的有以下六种：

运算符号	含义	举例	结果
=	赋值	var num = 12	num = 12
+=	加等于，先加后赋值	var num = 10;num += 5;	num = 15
-=	减等于，先减后赋值	var num = 10;num -= 5;	num = 5
*=	乘等于，先乘后赋值	var num = 10;num *= 5;	num = 50
/=	除等于，先除后赋值	var num = 10;num /= 5;	num = 2
%=	余等于，先取余后赋值	var num = 10;num %= 5;	num = 0

对于赋值运算符，有以下两点需要说明：

- 单个的"="号表示赋值，两个"="号表示比较相等；
- var num = 12 表示的含义是将数字 12 赋值给"="号左边的变量 num。

3.4.6 三目运算符

三目运算符也叫条件运算符，语法格式是"条件表达式？结果 A：结果 B"。运行机制是：判断条件表达式的结果，如果为 true，则返回结果 A，否则就返回结果 B。注意：在三目运算符中，"？"和"："不能单独出现。示例代码如下：

```
<script type="text/javascript">
    var result = 20 > 18 ? 'Hello' : 'Spring';  // result 结果是 Hello
</script>
```

3.4.7 运算符的优先级

所谓的运算符的优先级，其实就是一套运算规则，用来控制运算符的执行顺序。优先级高的运算符优先于优先级低的运算符进行运算。比如我们所熟知的四则运算，先乘除后加减。下表是常用运算符的优先级，了解即可，内容如下：

优先级	运算符号	含义
1	（）	小括号，优先级最高
2	++、--、!	一元运算符，同组优先级相同
3	*、/、%	算术运算符，同组优先级相同
4	+、-	算术运算符，同组优先级相同
5	>、>=、<、<=	关系运算符，同组优先级相同
6	==、!=、===、!==	关系运算符，同组优先级相同
7	&&	逻辑运算符，与
8	||	逻辑运算符，或
9	=、*=、/=、%=、+=、-=	赋值运算符
10	,	逗号运算符，例如同时声明多个变量

关于运算符的优先级，需要说明的是，不需要死记硬背。在实际开发中，如果不确定使用的运算符的优先级顺序，通常的做法是使用小括号来强制性指定运算顺序。

3.5 注释

3.5.1 概述

注释是对程序的解释说明，作用是提高程序的可读性，方便开发者理解程序，便于交流沟通，同时也是为了方便后期对程序的维护。在 JavaScript 编程语言中，注释有两种：单行注释和多行注释。

3.5.2 单行注释

单行注释主要用于解释说明某一行代码，比如对声明变量的解释说明。单行注释只对所在行有效。

语法：// 单行注释

3.5.3 多行注释

多行注释主要用于对某个功能进行展开描述，一般来说，一行不够，需要换行解释。

语法：/* 多行注释 */

3.6 输入输出语句

3.6.1 说明

到目前为止，我们所讲述的案例代码并不能直观地看到结果，同时所举的案例代码中的数据都是硬编码的，和用户没有交互。现在的需求是如何实现人机交互的呢？比如程序可以接收用户从键盘上输入的数据，同时还能直观地看到效果，该如何实现呢？下面就介绍 JavaScript 中的输入和输出。

3.6.2 输入

方式：使用 prompt('提示信息');

示例代码如下：

```
<script type="text/javascript">
    var age = prompt('请输入您的年龄');
</script>
```

程序运行效果如 3-3 图所示。

此网页显示

请输入您的年龄

确定　取消

图 3-3 输入 prompt 方式效果图

注意：通过 prompt 方式实现用户从键盘的输入，可以将输入的内容用变量进行存储，同时要知道，对于该方式来说，变量接收到的值的数据类型都是字符串，哪怕输入数字，依然会以字符串的方式来接收。

3.6.3　输出

● 方式一：alert(提示信息)

浏览器会弹出消息提示框，显示"提示信息"，需要等待用户点击"确定"按钮程序继续。

```
<script type="text/javascript">
    alert('Hello World');
</script>
```

● 方式二：console.log(输出信息)

在浏览器的控制台打印输出的结果信息。

```
<script type="text/javascript">
    var age = prompt('请输入您的年龄');
    // 控制台输出
    console.log(age);
</script>
```

● 方式三：document.write(输出信息)

在页面中显示输出信息。

```
<head>
    <meta charset="UTF-8">
    <script type="text/javascript">
        document.write('好好学习,天天向上');
    </script>
</head>
```

3.7　任务练习

① 从键盘上输入两个数，程序对这两个数实现加法运算。

② 给定一个数，判断该数是一个奇数还是偶数，并返回结果。

③ 从键盘上输入学生的年龄，使用三目运算符判断输入的年龄是否大于 18 岁，如果是则提示输出"恭喜你，成年啦"，否则提示"好好学习，天天向上"。

④ 从键盘上输入两个数据，判断输入的两个值是否相等。

小结

　　本章重点讲解了 JavaScript 编程语言的基础语法，包括变量的理解，就是计算机内存中开辟的一块空间；接着介绍了 JavaScript 中的两种数据类型，分别是基本数据类型和引用数据类型；关于数据类型还介绍了显式转换和隐式转换；之后介绍了常用的五种运算符，尤其对于自增、自减运算符如何执行、算术运算符中"+"号与字符串拼接，关系运算符中"=="和"==="的区别，以及三目运算符的执行过程，这些日后常用的基本语法必须牢牢掌握。对于运算符的优先级，在开发中往往会使用小括号去改变；同时讲解了程序中的注释，是用来对程序加以描述说明，提高程序的可读性的；最后介绍了编程语言中常用的输入输出操作。

　　在本书的后续章节中，会非常频繁地使用到本章节的知识点内容，而在学习本章节的内容时，知识点琐碎，细节繁杂，有时候可能会出现记不住的情况，这个是非常正常的现象，此时就需要加大练习，反复琢磨思考，为以后的课程内容学习打下坚实基础。

第4章
程序结构

程序结构也叫流程控制、程序控制流。简单来说，表示的含义是一个程序在执行过程中代码的执行顺序。开发者通过不同的程序结构来实现相应的程序逻辑。

在 JavaScript 编程语言中，程序结构有三种：顺序结构、选择结构和循环结构。不同的程序结构有各自不同的执行顺序。无论是多么复杂庞大的程序，都离不开这三种基本的程序结构。

4.1 顺序结构

顺序结构是计算机程序中最简单的结构，它的执行顺序是自顶向下，依次执行，即根据代码编写的顺序逐条语句依次执行。顺序结构是任何一个程序都需要使用到的最基本的程序结构。顺序结构的程序执行流程如图 4-1 所示。

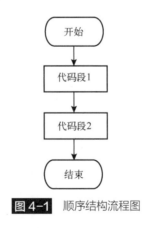

图 4-1 顺序结构流程图

4.2 选择结构

在现实生活中，处处充满了选择。比如，如果明天不下雨，那么我就去爬山；如果一个三角形的三条边长度都相等，那么这个三角形是等边三角形；如果我输入的用户名和密码正确，那么我就可以成功登录淘宝网站；等等。这是我们人类自然语言的描述。同样的，JavaScript 编程语言对于这种选择判断性的描述也提供了相应的表达方式，这种表达方式就是选择结构。

在程序中，简单来说，选择结构就是根据不同的条件，去执行不同的代码。

4.2.1 if 结构

- 语法结构：

```
if (条件表达式) {
    语句体内容
}
```

- 流程图（图 4-2）：

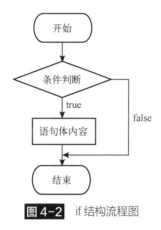

图 4-2 if 结构流程图

- 执行流程说明：

如果条件表达式的值是 true，则执行语句体内容。如果条件表达式的值是 false，则不执行语句体内容，进而程序结束。这样的程序结构也叫单分支选择结构。

- 【案例 4-1】

需求：从键盘上输入张浩的成绩，如果张浩的 JavaScript 考试成绩大于 90 分，张浩就能获得一个 MP4 作为奖励。

代码实现：

```
<script type="text/javascript">
    // 1. 从键盘上输入张浩的成绩
    var score = prompt('请输入张浩的成绩:');

    // 2. 进行判断
    if (score > 90) {
        console.log('获取 MP4 作为奖励');
    }
</script>
```

4.2.2 if...else...结构

* 语法结构：

```
if (条件表达式) {
    代码块 1
} else {
    代码块 2
}
```

* 流程图（图 4-3）：

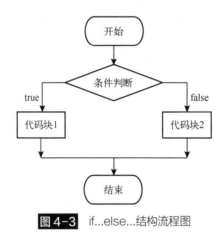

图 4-3 if...else...结构流程图

* 执行流程说明：

执行条件判断，如果结果为 true，则执行代码块 1，否则（结果为 false）执行代码块 2。这是一个二选一的结构，这种程序结构也叫双分支选择结构。

* 【案例 4-2】

需求：从键盘上输入张浩的成绩，如果张浩的 JavaScript 考试成绩大于 90 分，张浩就能获得一个 MP4 作为奖励，否则就跪地板。

代码实现：

```html
<script type="text/javascript">

    var score = prompt('请输入张浩的成绩：');

    if (score > 90) {
        console.log('获得一个 MP4 奖励');
    } else {
        console.log('跪地板');
    }

</script>
```

* 【案例 4-3】

需求：从键盘上输入王浩的 JavaScript 成绩。如果成绩大于 90，则奖励电话手表；如果成绩大于 80 小于等于 90，则奖励电动车；如果成绩大于 70 小于等于 80，则奖励一朵小红花；如果成绩大于 60 小于等于 70，则奖励一辆奥迪 A8 模型；否则奖励一个 MP4。

代码实现：

```
<script type="text/javascript">
    var score = prompt('请输入王浩的成绩');

    if (score > 90) {
        console.log('奖励电话手表');
    } else {
        // 说明 成绩 <= 90, 分数有可能是 58、68、78、88…
        if (score > 80) {
            // 80 < 成绩 <= 90
            console.log('奖励电动车');
        } else {
            // 成绩 <= 80 , 分数有可能是 78、68、58…
            if (score > 70) {
                // 70 < 成绩 <= 80
                console.log('奖励小红花');
            } else {
                // 成绩 <= 70, 分数有可能是 68、58…
                if (score > 60) {
                    // 60 < 成绩 <= 70
                    console.log('奖励奥迪 A8 模型');
                } else {
                    // 成绩 <= 60
                    console.log('奖励 MP4');
                }
            }
        }
    }
</script>
```

- 问题思考：

对于双分支选择结构来说，首先判断条件成立与否，然后选择性地去执行相应的代码块，两种情况必然会选择其中的一种情况执行。同时也注意到，如果是根据多个条件选择其中的一种情况去执行，那么双分支选择结构就显得"力不从心"了，在程序编写上就显得很麻烦、很啰唆，也正是因为这个原因，才有了下面要介绍的 if...else if...else 语句了。

4.2.3 if...else if...else 结构

- 语法结构：

```
if (条件表达式 1) {
    代码块 1
} else if (条件表达式 2){
    代码块 2
}
```

```
...
else if( 条件表达式 n ) {
    代码块 n
} else {
    代码块 n+1
}
```

- 流程图（图4-4）：

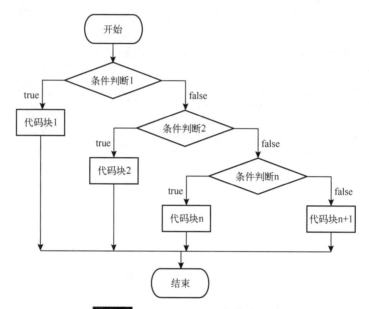

图4-4 if...else if...else 结构流程图

- 执行流程说明：

首先计算条件判断1的值，如果为真则执行代码块1；如果为假就继续计算条件判断2，如果为真则执行代码块2；如果为假则继续计算条件判断3，依次类推，如果所有的条件判断都为假，则执行代码块n+1。这种程序结构也称为多分支选择结构。

- 【案例4-4】

需求：从键盘上输入王浩的JavaScript成绩。如果成绩大于90，则奖励电话手表；如果成绩大于80，则奖励电动车；如果成绩大于70，则奖励一朵小红花；如果成绩大于60，则奖励一辆奥迪A8模型；否则奖励一个MP4。

代码实现：

```
<script type="text/javascript">
    var score = prompt('请输入王浩的成绩');

    if (score <= 60) {
        console.log('奖励 MP4');
    } else if (score <= 70) {
        console.log('奖励奥迪 A8 模型');
    } else if (score <= 80) {
        console.log('奖励一朵小红花');
    } else if (score <= 90) {
```

```
      console.log('电动车');
   } else {
      console.log('电话手表');
   }
</script>
```

- 【案例 4-5】

需求：假如今天是星期一，那么就陪女朋友去看电影；假如今天是星期二，那么就陪女朋友去爬山；假如今天是星期三，那么就陪女朋友去滑冰；假如今天是星期四，那么就陪女朋友打王者荣耀；假如今天是星期五，那么就陪女朋友敲代码；否则就放任不管。

代码实现：

```
<script type="text/javascript">
   var week = prompt('请输入今天是周几?');

   if (week === '周一') {
      console.log('陪女朋友去看电影');
   } else if (week === '周二') {
      console.log('陪女朋友去爬山');
   } else if (week === '周三') {
      console.log('陪女朋友去滑冰');
   } else if (week === '周四') {
      console.log('陪女朋友打王者荣耀');
   } else if (week === '周五') {
      console.log('陪女朋友敲代码');
   } else {
      console.log('放任不管');
   }
</script>
```

- 问题思考：

对于案例 4-5 来说，每次在进行条件判断的时候，都需要通过 week 变量进行等值的比较，从书写上来说，啰唆麻烦。那么 JavaScript 是否有提供一种更为简单的方式呢？答案是肯定的，就是接下来要介绍的 switch 结构。

4.2.4　switch 结构

- 语法结构：

```
switch (表达式) {
   case value1:
      代码块 1
      break;
   case value2:
      代码块 2
      break;
   ...
   default:
```

```
        代码块 n+1
    }
```

- 流程图（图 4-5）：

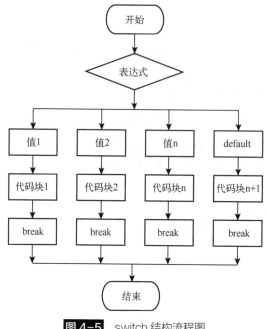

图 4-5 switch 结构流程图

- 执行流程说明：

首先计算表达式的值，将计算好的值与 case 相对应的值按照顺序从上到下依次进行比较，一旦匹配的值相等，则执行相应的代码块。当代码块执行完毕之后，会紧接着执行 break 语句，一旦遇到 break，则表示 switch 选择结构执行结束。当然如果在进行匹配的过程中，没有匹配到对应的值，则会执行 default 语句块，最后 switch 执行结束。

- 【案例 4-6】

需求：假如今天是星期一，那么就陪女朋友去看电影；假如今天是星期二，那么就陪女朋友去爬山；假如今天是星期三，那么就陪女朋友去滑冰；假如今天是星期四，那么就陪女朋友打王者荣耀；假如今天是星期五，那么就陪女朋友敲代码；否则就放任不管。

代码实现：

```javascript
<script type="text/javascript">
    var week = prompt('请输入今天是周几?');

    switch (week) {
        case '周一':
            console.log('陪女朋友去看电影');
            break;
        case '周二':
            console.log('陪女朋友去爬山');
            break;
        case '周三':
```

```
            console.log('陪女朋友去滑冰');
            break;
        case '周四':
            console.log('陪女朋友打王者荣耀');
            break;
        case '周五':
            console.log('陪女朋友敲代码');
            break;
        default:
            console.log('放任不管');
            break;
    }
</script>
```

● 注意：

① case 在进行匹配值的时候，是全等匹配，即必须是值和数据类型都一致才可以。

② case 中的代码块可以没有 break，如果没有 break，则会继续执行下一个 case 里面的代码块，这种现象叫作 case 穿透。

4.2.5 条件嵌套

所谓条件嵌套，指的是在一个选择结构中可以去定义另一个选择结构。例如：学校举行运动会，百米赛跑跑进 20 秒内的学生有资格进决赛，然后根据性别分别进入男子组和女子组，用程序实现。代码如下：

```
<script type="text/javascript">
    // 从键盘上输入你跑步的秒数
    var seconds = prompt('请输入你跑步的秒数');

    if (seconds < 20) {

        // 请输入你的性别
        var sex = prompt('请输入性别');

        if (sex === '女') {
            console.log('进入女子组');
        } else if (sex === '男') {
            console.log('进入男子组');
        } else {
            console.log('请正确输入性别');
        }

    } else {
        console.log('无缘进入男子组和女子组');
    }
</script>
```

4.2.6 多分支选择结构和 switch 对比

相同点：都是用来处理多种条件的情况，最后选择一种情况来执行。

不同点：多分支选择结构可以处理等值的条件判断，也可以处理多区间的条件判断；switch 结构只能处理等值的条件判断。

4.3 循环结构

什么是循环？首先来看几个场景：在学校举办的运动会上，小明需要绕操场跑六圈；某次的考试成绩不理想，小明在心里重复默念"好好学习，天天向上"十遍；我们一年的每日三餐；等等。可以发现，这都是在做重复的事情，并且是有规律的。那么对于 JavaScript 编程语言来说，既然要解决现实生活中的问题，那么针对重复性的事情也必然有自己相应的表达方式，这种表达方式就是循环结构。

循环结构要处理的是重复性且有规律的操作，能够让代码重复执行，并且在条件达到某个标准时自行终止。不难发现，循环结构有两大特点：一是要有循环条件，二是循环操作。

在 JavaScript 中，循环结构主要有三种：for 循环、while 循环和 do...while 循环。同时，需要说明的是，while 循环和 for 循环其本质是一样的，最大的区别只是在语法结构上有所不同。

4.3.1 for 循环

- 语法结构：

```
for (初始化变量；条件表达式 ；改变初始值) {
    // 循环操作
}
```

初始化变量：往往是一个计数器变量，用来做统计操作。

条件表达式：结果决定了循环是否要继续执行，如果为 true 则继续执行，否则结束循环。

改变初始值：每次循环操作结束执行改变初始值，通常是对计数器进行累加或者递减操作。

- 流程图（图 4-6）：

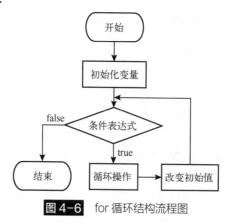

图4-6 for 循环结构流程图

JavaScript 快速入门与开发实战

- 执行流程说明：
① 执行初始化变量，要注意的是在整个循环过程中，该操作只会执行一次；
② 执行条件表达式，如果结果为 true，则执行循环操作，否则结束循环；
③ 执行改变初始值，结束后，意味着第一轮循环结束；
④ 开始第二轮循环，执行条件表达式，如果结果为 true，则执行循环操作，否则结束循环；
⑤ 执行改变初始值，结束后，意味着第二轮循环结束；
⑥ 之后的程序执行，依次类推。

- 【案例 4-7】

需求：实现连续打印六遍"好好学习，天天向上"。
代码实现：

```
<script type="text/javascript">
    for (var i = 1; i <= 6; i++) {
        console.log('好好学习,天天向上');
    }
</script>
```

- 【案例 4-8】

需求：求 1～100 之间的奇数之和。
代码实现：

```
<script type="text/javascript">
    var sum = 0;
    for (var i = 1; i <= 100; i += 2) {
        sum = sum + i;
    }
    console.log(sum);
</script>
```

4.3.2 while 循环

- 语法结构：

```
while (条件表达式){
    // 循环操作
}
```

- 流程图（图 4-7）：

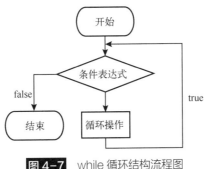

图 4-7 while 循环结构流程图

● 执行流程说明：

① 首先执行条件表达式，如果结果为 true，则执行循环操作，如果为 false，则结束循环；

② 执行循环操作；

③ 循环操作执行完毕之后，继续判断条件表达式，如果结果为 true，则继续执行循环操作，如果为 false，则结束循环；

④ 之后程序的执行，依次类推。

● 【案例 4-9】

需求：计算 1~100 之间奇数的和。

代码实现：

```
<script type="text/javascript">
    // 定义一个变量，记录当前计算到了哪个数
    var i = 1;
    // 再次定义一个变量，用来记录每次的求和结果
    var sum = 0;
    while (i <= 100) {
        sum = sum + i;
        i += 2;
    }
    console.log(sum);
</script>
```

4.3.3 do...while 循环

● 语法结构：

```
do {
    // 循环操作
} while(条件表达式);
```

● 流程图（图 4-8）：

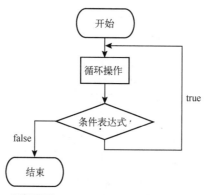

图 4-8 do...while 循环结构流程图

- 执行流程说明：

① 先执行循环操作；

② 循环操作执行完毕，再执行条件表达式，如果结果为 true，则继续执行循环操作，如果为 false，则结束循环；

③ 之后的程序执行，依次类推。

- 【案例 4-10】

需求：连续输出十遍"好好学习，天天向上"。

代码实现：

```
<script type="text/javascript">
    var i = 1;
    do {
        console.log('好好学习,天天向上');
        i++;
    } while (i <= 10);
</script>
```

- 【案例 4-11】

需求：从键盘输入一个成绩，如果成绩不合格，则继续输入成绩，如果成绩合格，则停止输入。

代码实现：

```
<script type="text/javascript">
    var score = 0;
    do {
        score = prompt('请输入成绩:');
        console.log('成绩是:' + score);
    } while (score < 60);
</script>
```

4.3.4 for 和 while 的对比

- for 循环和 while 循环本质是一样的，两者可以替换使用；
- 当循环的次数确定时，for 循环和 while 循环没有差别，仅限于语法结构上的不同；
- for 循环更适合循环次数固定的情况；
- 当循环次数不确定，while 循环结构会更方便、更好理解，同时需要注意退出循环的条件判断，否则稍有不慎，极易产生死循环。

4.3.5 while 和 do...while 的对比

- while 循环结构是先判断条件表达式，再执行循环操作；
- do...while 循环结构是先执行循环操作，再执行条件表达式；
- while 循环可能一次都不执行循环操作，do...while 循环至少要执行一次循环操作；
- do...while 循环结构的结尾需要加个分号。

4.3.6 循环嵌套

循环嵌套指的是一个循环结构中定义了另一个循环结构，需要说明的是，任意的两个循环结构可以相互嵌套。

问题：求 2～100 之间所有的素数。

思考：先判断某一个数是否是素数，然后再判断一个范围内的数有哪些是素数。

第一步：假设判断 21 是否是一个素数。

代码实现：

```javascript
<script type="text/javascript">
    var num = 21;
    var flag = true; // 标志变量，假设 num 是一个素数
    for (var i = 2; i < 21; i++) {
        if (num % i == 0) {
            flag = false;   // 要把假设推翻，不是一个素数
            break;          // 提前结束循环，没有继续判断的必要
        }
    }
    if (flag) {
        console.log(num + '是一个素数');
    } else {
        console.log(num + '不是一个素数');
    }
</script>
```

第二步：再去判断 2～100 之间所有的素数。

```javascript
<script type="text/javascript">
    for (var k = 2; k <= 100; k++) {
        var flag = true;
        for (var i = 2; i < k; i++) {
            if (k % i == 0) {
                // 说明一定不是一个素数
                flag = false;
                break;
            }
        }
        if (flag) {
            console.log(k + '是一个素数');
        }
    }
</script>
```

实际操作中，会发现往往一个循环并不能解决我们的问题，例如，打印一个五行五列的五角星、输出杨辉三角等案例，此时就需要使用循环嵌套。

同时在该案例中，首次使用了 break 关键字，表示退出当前的循环。这也是接下来要介绍的内容。

4.4　跳转语句

有时候还有这样的场景，在循环结构中需要提前结束循环或者是放弃本次循环继续下一轮的循环，此时又该如何实现呢？这就要用到 break 和 continue 语句。

4.4.1　break 语句

作用：结束整个循环，终止循环。

● 【案例 4-12】

需求：当 1～100 之间首次累加之和大于等于 3000 时，就停止求和，并得到当前数字。

代码实现：

```javascript
<script type="text/javascript">
    var i = 1;
    var sum = 0;

    while (i <= 100) {
        sum = sum + i;
        if (sum >= 3000) {
            // 在循环中，遇到了 break,就终止循环操作，循环退出
            break;
        }
        i++;
    }

    console.log(i);
</script>
```

● 【案例 4-13】

需求：测试 break 在循环嵌套中的使用。

代码实现：

```javascript
<script type="text/javascript">
    // 双重循环测试
    for (var i = 1; i <= 4; i++) {
        for (var j = 1; j <= 3; j++) {
            var result = 'i = ' + i + ', j = ' + j;
            console.log(result);
            if (j == 2) {
                // 会打断当前的内层循环，外层循环不受影响
                break;
            }
        }
    }
</script>
```

4.4.2 continue 语句

作用：结束本次循环，继续下一轮循环。

- 【案例 4-14】

需求：在控制台输出 1~10 之间不能被 3 整除的数。

代码实现：

```
<script type="text/javascript">
    var i = 1;
    while (i <= 10) {
        if (i % 3 == 0) {
            i++;
            continue;
        }
        console.log(i);
        i++;
    }
</script>
```

- 【案例 4-15】

需求：计算 1~100 之间，除了能被 3 整除之外的整数之和。

代码实现：

```
<script type="text/javascript">
    var sum = 0;
    for (var i = 1; i <= 100; i++) {
        if (i % 3 == 0) {
            continue;
        }
        sum = sum + i;
    }
    console.log(sum);
</script>
```

4.5 任务练习

① 分别输入三角形的三条边的边长，计算该三角形的周长（输入的三条边需满足三角形边长规则）。

② 输出 100~999 之间所有的水仙花数。

③ 输出字符串'ahellaAbAWorlda'中小写字母 a 和大写字母 A 的个数。

④ 输出 1900~2100 年中所有的闰年。

⑤ 有 1、2、3、4、5 共计 5 个数字，能组成多少个互不相同并且无重复数字的五位数？各是什么？

⑥ 输出九九乘法表。

⑦ 输出 200～300 之间第一个能被 7 整除的数。

⑧ 输出 200～300 之间能被 5 整除的数及统计个数。

小结

　　本章重点讲解的是程序的三大结构，分别是顺序结构、选择结构和循环结构，同时也介绍了条件结构嵌套和循环结构嵌套，当然根据功能的需要，条件结构和循环结构也可以构成更为复杂的嵌套结构，最后介绍了跳出语句 break 和 continue 语句，重点要掌握跳出语句在用法上的不同，并深刻理解它。

第5章
数组

5.1 概述

　　首先思考一个问题：之前学习过变量，其本质就是计算机内存中的一块空间，而定义一个变量，同一时刻只能存储一个值。比如，现在要将学生"张三"存储起来，可以定义一个变量，又要将学生"李四"存储起来，可以再次定义一个新的变量，那如果现在要把30位学生的姓名存储起来，是不是意味着就要定义30个变量呢？没错，的确如此。但同时也不难发现这样做的确太麻烦了。那么有没有一种办法可以一次性定义多个变量呢？答案是有的，那就是数组（Array）。

　　数组的特点：

　　① 数组也是一种数据类型，可以存储任意类型的数据，通常来说，存储的是一组相关的同类型数据；

　　② 一个变量是一块空间，而数组是一连串的空间；

　　③ 数组可以一次性定义多个变量，就意味着可以存储多个数据，每个数据被称作为元素；

　　④ 要获取数组中的某个变量，可以通过下标/索引的方式来得到，语法：数组名[下标]；

　　⑤ 数组是有长度的，而且长度可变；

　　⑥ 数组下标从 0 开始，数组最大下标 = 数组长度 − 1；

　　⑦ 通过数组的 length 属性可以得到数组的长度。

　　数组简易图示（图 5-1）：

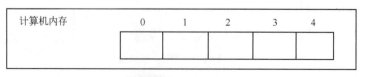

图 5-1 数组简易图

5.2 定义数组

在 JavaScript 中，定义或创建数组有两种方式：一是通过 new 关键字构造数组，二是通过字面量方式。定义一个变量，需要起一个名字，叫变量名；那么定义一个数组，也需要起一个名字，称之为数组名。在以下定义数组的说明中，"arrs" 就是数组名。

5.2.1 构造数组

数组有三种写法，写法如下：
① 创建长度为 0 的数组。
语法：var arrs = new Array();
② 创建指定长度的数组。
语法：var arrs = new Array(6); // 6 是指定数组的长度
③ 创建数组并赋予初始值，同时长度也就确定了，取决于值的个数。
语法：var arrs = new Array(10,20,30,40,50);

5.2.2 数组字面量

字面量方式是今后使用最多的创建数组的方式，有两种写法，如下所示：
① 创建长度为 0 的数组。
语法：var arrs = [];
② 创建数组并初始化赋值，值的个数决定了数组的长度。
语法：var arrs = [10,20,30,40,50];

5.3 访问数组

5.3.1 数组下标

学会如何去创建一个数组并赋值后，该如何获取数组中存储的数据呢？此时就需要通过下标/索引的方式去获取，需要注意，数组的下标从 0 开始，下标也可以理解为数组中第几个位置的变量。

可以通过下标去获取、设置、修改对应位置的数组元素，语法是通过"数组名[索引]"的方式。

代码示例如下：

```
<script type="text/javascript">
   var arrs = [10, 20, 30, 40, 50];
```

```
    // 1. 获取下标为 1 的元素
    var result = arrs[1];
    console.log(result);

    // 2. 设置下标为 6 的元素
    arrs[6] = 90;
    console.log(arrs);

    // 3. 修改下标为 3 的元素值
    arrs[3] = 80;
    console.log(arrs);
</script>
```

程序的运行结果如图 5-2 所示。

```
20
▶ (7) [10, 20, 30, 40, 50, empty, 90]
▶ (7) [10, 20, 30, 80, 50, empty, 90]
```

图 5-2 数组下标程序运行结果图

　　从上述例子中可以看出，明明定义了数组并初始化值的个数是 5，那么数组的长度本应该是 5，数组的最大下标应该是 4。但是在代码的第二步中，给数组下标为 6 的元素进行了设置值，这显然已经超过了数组的最大下标，但发现程序并没有问题，并且依然可以正常设置值，是因为这种操作是被允许的。

5.3.2　数组长度

　　数组是有长度的，通过"数组名.length"就可以得到数组的长度，即数组中有多少个元素。同时，数组的长度确定了，数组的最大下标也就确定了。

　　数组的长度是可变的，同时数组的最大下标 = 数组名.length – 1。

　　代码示例如下：

```
<script type="text/javascript">
    var arrs = ['Hello', 'Spring', 'Summer', 23];

    // 1. 获取数组的长度
    var len = arrs.length;
    console.log('数组的长度是:' + len);

    // 2. 获取下标为 3 的值
    var result = arrs[3];
    console.log('下标为 3 的值是: ' + result);

    // 3. 为下标为 6 的元素赋值
    arrs[6] = '郭甜甜';
```

```
    console.log(arrs[6]);

    // 4. 重新获取数组的长度
    len = arrs.length;
    console.log(len);

    // 5. 获取下标为 5 的元素的值
    // >> 数组就是定义了一组变量[单纯的定义变量,变量的值就是 undefined]
    var x = arrs[5];
    console.log(x);
</script>
```

程序的运行结果如图 5-3 所示。

数组的长度是:4
下标为3的值是： 23
郭甜甜
7
undefined

图 5-3 数组长度程序运行结果图

5.4 数组遍历

数组遍历就是把数组中的元素从头到尾挨个去访问一遍。

5.4.1 for 循环索引方式

代码如下：

```
<script type="text/javascript">
    var arrs = ['Hello', '周芷若', '张三丰', '李四', '王五'];

    for (var i = 0; i < arrs.length; i++) {
        console.log(arrs[i]);
    }
</script>
```

5.4.2 for...in 方式

语法：

```
for (var 索引 in  数组名){
    // 循环操作
}
```

代码示例如下：

```
<script type="text/javascript">
    var arrs = ['Hello', '周芷若', '张三丰', '李四', '王五', '赵敏'];

    for (var index in arrs) {
        console.log(arrs[index]);
    }
</script>
```

5.4.3 for...of 方式

语法：

```
for (var 元素 of 数组名){
    // 循环操作
}
```

代码如下：

```
<script type="text/javascript">
    var arrs = ['Hello', '周芷若', '张三丰', '李四', '王五', '赵敏'];

    for (var item of arrs) {
        console.log(item);
    }
</script>
```

5.5 数组的常见操作

5.5.1 求数组最大值

代码如下：

```
<script type="text/javascript">
    var arrs = [10, 45, 32, 78, 97, 34, 29];

    // 假设第一个元素是最大值
    var max = arrs[0];

    for (var i = 1; i < arrs.length; i++) {
        // 在遍历的过程中某个元素大于了假设的最大值，则最大值是当前的元素
        if (arrs[i] > max) {
            max = arrs[i];
        }
    }
```

```
        console.log(max);
    </script>
```

思路：首先假设数组中的第一个元素是最大值 max，然后拿着这个最大值 max 依次和数组中的其他元素进行比较，一旦发现某个元素比假设的最大值 max 要大，则将当前的这个元素设置为最大值 max，否则什么都不做，继续下一轮的比较，直到整个循环结束，那么最大值 max 一定是数组所有元素的最大值。

5.5.2 两个数组合并

代码如下：

```
<script type="text/javascript">
    var arrs1 = [1, 2, 3, 4, 5, 6, 7];
    var arrs2 = ['a', 'b', 'c', 'd'];

    // 将 arrs1 和 arrs2 合并，合并成一个新数组 arrs3
    var arrs3 = [];

    for (var i = 0; i < arrs1.length; i++) {
        arrs3.push(arrs1[i]);
    }

    for (var i = 0; i < arrs2.length; i++) {
        arrs3.push(arrs2[i]);
    }

    console.log(arrs3);
</script>
```

思路：依次循环遍历每一个数组 arrs1 和 arrs2，每遍历一次，获取数组中的每个元素，将元素添加到新数组 arrs3 中。同时也注意到，使用到了 push 添加元素，该方法是数组提供的方法，后面的章节会详细讲解到。

5.5.3 数组筛选

代码如下：

```
<script type="text/javascript">
    var arrs = [10, 20, 23, 14, 45, 36, 27];

    // 将 arrs 中元素值大于 30 的元素挑选出来存入到新数组 arrs2 中
    var arrs2 = [];

    for (var i = 0; i < arrs.length; i++) {
        if (arrs[i] > 30) {
            arrs2.push(arrs[i]);
```

```
        }
    }

    console.log(arrs2);
</script>
```

5.5.4　数组翻转

代码如下：

```
<script type="text/javascript">
    var arrs = [10, 20, 'Spring', 30, 50, 'Summer', 70, 90, 60];

    for (var i = 0; i < arrs.length / 2; i++) {
        var temp = arrs[i];
        arrs[i] = arrs[arrs.length - 1 - i];
        arrs[arrs.length - 1 - i] = temp;
    }

    console.log(arrs);
</script>
```

数组翻转是指将数组的第一个元素和数组的最后一个元素交换；将数组的第二个元素和数组的倒数第二个元素交换；将数组的第三个元素和数组的倒数第三个元素交换……该交换的过程直到进行到数组长度的一半即可。

关于数组翻转，实际上还有一种方式可以实现，如下程序所示：

```
<script type="text/javascript">
    var arrs = [10, 20, 'Spring', 30, 50, 'Summer', 70, 90, 60, 80];

    // 定义两个指针
    // >> 初始状态
    var start = 0;
    // >> 结束状态
    var end = arrs.length - 1;

    while (start <= end) {
        // 实现元素交换
        var temp = arrs[start];
        arrs[start] = arrs[end];
        arrs[end] = temp;
        // 每循环一次,意味着交换了一次,则指针各向前向后移动
        start++;
        end--;
    }
    console.log(arrs);
</script>
```

思路：定义了两个指针 start 头指针和 end 尾指针，分别指向要交换的元素，每循环一次两个元素交换一次，同时两个指针分别向后、向前移动一个位置，而循环的终止条件则是尾指针大于头指针，两个指针相遇意味着所有的元素交换完毕。

5.5.5 对数组元素去重

代码如下：

```javascript
<script type="text/javascript">
    var arrs1 = ['Hello', 10, 'Hello', 23, 'Spring', 23, 'Summer', 45];

    // 对 arrs1 数组中的元素去重，将去重后的结果放入到新数组 arrs2 中
    var arrs2 = [];

    for (var i = 0; i < arrs1.length; i++) {
        if (arrs2.indexOf(arrs1[i]) === -1) {
            arrs2.push(arrs1[i]);
        }
    }
    console.log(arrs2);
</script>
```

思路：定义要存放的不重复的数组 arrs2，依次循环遍历原数组 arrs1，每遍历一次拿到元素之后，就从 arrs2 数组中查找是否存在，如果不存在则添加，否则就放弃。注意到，使用到了 indexOf 方法，也是数组身上的方法，后面的章节会讲解到。

小结

本章以保存班级学生姓名为问题引出数组的知识，所谓的数组，就相当于一次性定义了多个变量，每个变量都可以存储数据，在数组中这些数据称之为元素。对于数组的定义介绍了两种方式，一是通过 new Array()的方式，二是通过字面量的方式，而字面量方式定义数组是今后会常用的方式。

接下来，介绍了通过下标（也称之为索引）访问数组中的元素和通过 length 来获取数组的长度，正是如此，可以通过 for 循环的方式去遍历数组中的每一个元素，当然，数组的遍历还包括 for...in 和 for...of 方式。

最后介绍了对数组的常见基本操作，这些操作是帮助理解和能够灵活使用数组非常重要的操作案例，需要重点掌握。

第6章
程序调试及常见错误

6.1 为什么要进行程序调试

相信学习到该章节，大家已经具备了初步的编程能力，同时在编写程序的过程中，大家一定也遇到了类似于这样的困惑，即程序运行报错或者是程序执行的结果和我们预期的结果不一样等，这就是通常所说的程序"bug"。一般来说，程序出现"bug"大部分原因都是程序逻辑错误。关键问题是如何将逻辑错误的原因找出来。因此，编程人员都要训练的一种本领就是直观地追踪程序的执行过程，快速定位到问题所在的位置，并有效地解决程序运行过程中产生的错误，这个解决程序逻辑错误的过程就叫作程序调试。

程序调试是开发者必备技能，是解决"bug"的利器，开发者需要不断锻炼这种能力。

6.2 常见的程序调试方式

6.2.1 使用 alert 方法调试

alert()方法会在页面上显示带有一个指定消息和一个"确定"按钮的警告框。开发者在使用该方法的时候，可以将需要输出的内容，比如变量、表达式等内容书写在()括号内，程序在运行后，就可以在页面打开的时候计算值并输出，从而分析程序的结果是否和预期一致，进而判断程序是否存在错误，同时开发者只需点击"确定"按钮就可以关闭警告框。

需要知道的是，该方法会阻塞浏览器继续执行后续的程序代码，如果程序中存在大量的 alert 语句，日后一个一个删除将会很麻烦。也正是如此，才有了 JavaScript 调试控制台 log 方式调试程序。其中 alert 方式调试程序如下所示：

```
<script type="text/javascript">
    var arrs1 = ['张三丰', '李四', '王五', '赵六'];
```

```
    // 弹出警告框，显示 arrs1 的值
    alert(arrs1);
</script>
```

程序的运行效果如图 6-1 所示。

此网页显示

张三丰,李四,王五,赵六

确定

图 6-1 alert 程序运行效果图

6.2.2 使用 log 方法调试

上文提到，alert() 方法会阻塞程序的运行，需要点击确定按钮程序才会继续执行，调试起来非常麻烦，而对于控制台的 log() 方法来说，只是在控制台中输出了相关信息，不会阻塞程序执行。

log 方式调试程序如下所示：

```
<script type="text/javascript">
    var x = 10;
    var y = 20;

    var result = x + y;
    console.log('x + y = ', result);

    console.log('--------------------');

    var arrs = [10, 20, 30];
    console.log(arrs);
</script>
```

程序的运行效果如图 6-2 所示。

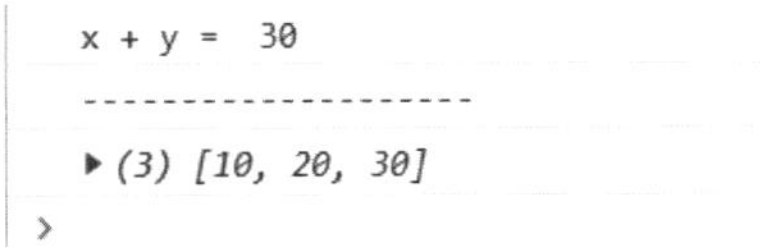

```
x + y =  30
--------------------
▶ (3) [10, 20, 30]
>
```

图 6-2 控制台 log 方式调试程序运行效果图

需要注意的是，在使用 console.log() 方法打印引用类型数据时，程序输出的结果可能会存在并不是执行 console.log() 方法那个时间点的值。程序代码示例如下：

```
<script type="text/javascript">
    var arrs = ['张三丰', '李四', '王五', '赵六'];
```

```
    // 第一次打印数组的值
    console.log(arrs);

    // 向数组添加元素
    arrs.push('HelloWorld');

    // 第二次打印数组的值
    console.log(arrs);
</script>
```

程序的运行效果如图 6-3 所示。

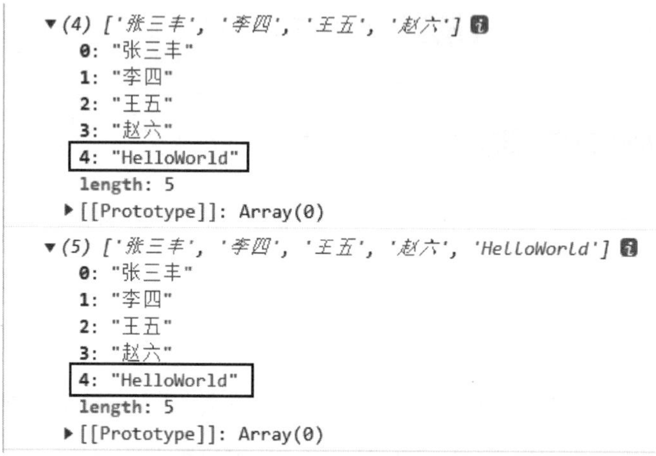

```
▼(4) ['张三丰', '李四', '王五', '赵六'] ℹ
    0: "张三丰"
    1: "李四"
    2: "王五"
    3: "赵六"
    4: "HelloWorld"
    length: 5
  ▶ [[Prototype]]: Array(0)
▼(5) ['张三丰', '李四', '王五', '赵六', 'HelloWorld'] ℹ
    0: "张三丰"
    1: "李四"
    2: "王五"
    3: "赵六"
    4: "HelloWorld"
    length: 5
  ▶ [[Prototype]]: Array(0)
```

图 6-3 log 方法输出引用类型

不难发现，两次打印输出的结果是一样的，原因是数组是引用类型的数据，在展开后获取到的是数组最新的状态。

那么这个问题该如何解决呢？

在输出打印的时候，可以通过将数组先转换为字符串，然后再将字符串转换为数组的方式来解决，具体方式是：JSON.parse(JSON.stringify(数组名))。

程序代码示例如下：

```
<script type="text/javascript">
    var arrs = ['张三丰', '李四', '王五', '赵六'];

    // 第一次打印数组的值
    console.log(JSON.parse(JSON.stringify(arrs)));

    // 向数组添加元素
    arrs.push('HelloWorld');

    // 第二次打印数组的值
    console.log(JSON.parse(JSON.stringify(arrs)));
</script>
```

程序的运行效果如图 6-4 所示。

```
▼ (4) ['张三丰', '李四', '王五', '赵六'] ⓘ
    0: "张三丰"
    1: "李四"
    2: "王五"
    3: "赵六"
    length: 4
  ▶ [[Prototype]]: Array(0)
▼ (5) ['张三丰', '李四', '王五', '赵六', 'HelloWorld'] ⓘ
    0: "张三丰"
    1: "李四"
    2: "王五"
    3: "赵六"
    4: "HelloWorld"
    length: 5
  ▶ [[Prototype]]: Array(0)
```

图 6-4   log 方法输出引用类型问题解决效果

6.3 Sources 断点调试

6.3.1 断点调试概述

断点调试是指在程序的某一行设置一个断点进行调试，程序运行到该行就会停住，等待开发者根据程序的编写逻辑继续往后运行，这样就可以一步一步查看程序的执行过程以及每执行一步所产生的相关数据，进而发现程序的错误所在。

在调试过程中，可以查看在当前运行环境下程序各个变量的值，同时还可以监视变量并参与到表达式中计算值，一旦运行到出错的位置，随即显示错误，通过这样的方式，可以精准定位错误发生的原因和位置。

以目前 JavaScript 的执行环境 Chrome 浏览器为例，需要按键盘上的 "F12" 键，找到 "Sources" 面板，双击要调试的文件，点击行号就可以打断点了。如图 6-5 所示。

图 6-5   程序调试断点图

6.3.2 常用的调试按钮

- F8：以断点为步长执行代码。

需要注意的是，如果当前设置了多个断点，那么点击该按钮会立马跳转到下一个断点处。

- F10：以语句为步长执行代码，逐行执行。需要注意的是，如果是在调用函数处打了断点，那么执行该按钮并不会进入到函数内部执行代码，而是直接把函数调用完毕了。

- F11：逐过程执行，一行一行地执行。如果是在调用函数处打了断点，那么使用该按钮进行跟踪代码的时候会自动跳转到函数内部执行。

- Shift+F11：跳出函数。如果函数体的代码量内容很多，而此时已经定位到了错误，或者已经监控到了预期某个变量的变化，不需要继续再执行函数体了，就可以使用该按钮跳出函数的执行，跳出到之前进入函数体的代码位置。

6.3.3 Watch 监视器的使用

在调试程序过程中，如果想查看某个变量的值，可以将该变量进行监视。具体做法是点击"Watch"右侧的"+"号按钮，添加对变量的监视。如程序运行至断点处可以添加对 arrs2 变量的监视。如图 6-6 所示。

图6-6　Watch 监视图

6.4 程序常见错误

6.4.1 错误类型

- 语法错误（Syntax Error）

初学者极易犯的错误类型，往往是 JavaScript 引擎无法解析理解代码时出现，比如：以中文的分号作为语句结尾、使用了关键字作为了变量名、if 语句缺少半花括号等。

- 引用错误（Reference Error）

当开发者使用了未声明的变量或者是在变量作用域之外使用了变量时，会出现此错误。此时控制台往往会有类似于这样的报错提示："xxx is not defined"。

- 类型错误（Type Error）

当调用的一个函数或者方法不是函数类型时，会出现此错误。比如：对于 String 字符串对象来说，有 toUpperCase()方法，数字类型是没有该方法的，如果尝试使用数字类型去调用 toUpperCase()方法，则会提示类型错误。

- 范围错误（Range Error）

当创建一个数组长度过大、调用一个死递归或者是将一个值设置在本身这个变量所表示的最大范围之外都会出现此错误。

- 自定义错误

为了满足程序业务功能逻辑的需要，程序员自己定义的错误。比如，一个人的年龄不能是负数，程序如果接收到一个负数的年龄，则抛出错误，表示是一个非法的年龄。

- 逻辑错误

这类错误往往不会在控制台报错，一般是开发者在实现某种功能的时候，代码不严谨、粗心大意导致运算公式出错或者是代码段的书写顺序问题导致的。针对这类错误，可以使用断点调试的方式进行排查。

6.4.2 错误解决

不管是新手还是大牛，在编写程序的过程中，不可避免地会出现意想不到的结果，发生错误是在所难免的。当每次发生错误时，要深入分析出错的原因，久而久之，就可以避免更多的错误出现。关键的问题是出现错误该如何解决。

通常来说，排除逻辑性错误之外，错误都会在 Chrome 控制台直接提示出来，我们要做的就是根据定位的报错行去排查原因，如图 6-7 所示。对于逻辑性错误，常常会使用断点调试的方法进行解决。

图 6-7 控制台报错演示

6.5 任务练习

需求：下面是一段有问题的代码，请尝试用控制台的方式调试该程序。

```html
<script type="text/javascript">
    for (var k = 2; k <= 200; k++) {
        // 假设当前遍历的 K 值是一个素数，设置标志变量为 true
        var flag = true;
        for (var i = 2; i <= k; i++) {
            if (k % i = 0) {
                // 说明一定不是一个素数
                flag = false;
                break;
            }
        }
        if (flag) {
            console.log(k + '是一个素数');
        }
    }
</script>
```

小结

本章介绍了程序调试及常见错误，在编写程序过程中不可避免地会发生错误产生"bug"，在开发中要善于利用开发者工具去定位"bug"，从而有针对性地解决，这也是一种能力，需要逐步掌握调错的能力。

第7章
函数

7.1 概述

　　所谓函数，通俗理解就是一段可被重复使用的代码块，通过函数可以封装一段 JavaScript 代码，是一段开发者可以在程序中随时调用的代码块，并且可以多次调用，但函数只需定义一次。

　　在程序中通过对函数的使用，可以使代码看起来更加简洁清晰，提高了代码的复用性，易于代码维护，提高了程序的开发效率。

7.2 函数使用入门

　　初步了解了函数的概念，接下来介绍函数的使用。函数的使用分为两个步骤：一是定义函数，二是调用函数。

7.2.1 定义函数

　　首先介绍一般函数的定义方式，语法如下：

```
function 函数名(参数 1,参数 2,...){
    函数体
}
```

对于定义函数，有以下几点说明：

- function 是一个关键字，用于定义一个函数，区分大小写；
- 函数名遵守标识符的命名规则，由于函数表示的是一个功能，所以函数名一般是动词形式；
- 参数是可选的，即可以有 0 个、1 个或多个参数；

- 函数体是用一对大括号括起来的代码段，是函数的主体，函数要实现的功能，是由函数体实现的；
  - 定义函数，函数体并不会执行，函数必须经过调用之后才会执行函数；
  - 执行函数其实就是在执行函数体；
  - 定义函数，另一种说法是声明一个函数，意思一样，叫法不同；
  - 这种定义函数的方式叫作自定义函数方式，又叫命名函数方式。

示例代码如下：

```
<script type="text/javascript">
    // 定义函数
    function sayHello() {
        console.log("Hi, 函数！");
    }
</script>
```

7.2.2 调用函数

调用函数的语法：

```
函数名();
```

对于调用函数，有以下几点说明：
- 调用函数时，需要在函数名后紧跟()；
- 函数可以调用多次；
- 调用函数的本质就是执行函数体代码。

示例代码如下：

```
<script type="text/javascript">
    // 定义函数
    function sayHello() {
        console.log("Hi, 函数！");
    }
    // 调用函数
    sayHello();
</script>
```

7.3 深入理解函数作用

初步掌握了函数的定义和如何去调用函数，接下来再深入分析函数的作用，总结来说有两点：一是封装重复性代码，方便调用；二是实现的是具体某种功能。

7.3.1 封装重复性代码

函数的一个功能特点就是封装重复性代码，将来可以非常方便地实现对重复性代码的使用。例如有如下的代码片段，计算 1～100 的和。程序如下：

```
<script type="text/javascript">
    // 计算1～100 的和
    var result = 0;
    for (var i = 1; i <= 100; i++) {
        result = result + i;
    }
    console.log(result);
</script>
```

现在的问题是，对于 1～100 和的计算，需要多次使用该代码，就需要对该代码重复复制多次，很明显，通过复制这种方式太烦琐了，而且也不利于阅读。此时就可以考虑使用函数将计算 1～100 的和这个功能给封装起来，这样的话，如果多个地方都需要使用到该功能，那么只需要调用该函数即可，这样就大大简化了代码块的使用。函数封装后代码如下：

```
<script type="text/javascript">
    // 定义函数：计算1～100 的和
    function sum() {
        var result = 0;
        for (var i = 1; i <= 100; i++) {
            result = result + i;
        }
        console.log(result);
    }
    // 调用函数
    sum();
    sum();
    sum();
    sum();
</script>
```

7.3.2　实现某种功能

函数另外一个作用就是可以实现某种具体的功能。比如：曾经使用的 parseInt 函数可以实现将一个字符串转换为数字的功能，使用 push 函数可以实现向数组中添加一个或者多个元素的功能，等等。

很明显，要实现什么功能，就去找相应的函数就可以了。

函数的封装就是对外提供访问接口，对内隐藏内部实现细节。以现实生活为例，空调遥控器大家应该并不陌生，要对空调进行开机这样的操作，只需要轻轻一按空调遥控器上提供的开关按钮就可以了，至于开关按钮背后是如何把空调给打开的，使用者并不关心，也就是说，空调开机过程的具体细节我们并不清楚，这个开关按钮就是空调对外提供的操作空调的入口，一个接口；同样的，对于电脑上的 USB 接口，我们并不关心其内部是如何进行数据传输的，我们关心的是只要找到符合 USB 接口的设备插入，电脑能正常工作即可。对应到编程上，以数组为例，我们并不清楚 push 函数到底是如何实现将一个或者多个元素添加到数组中的，我们只需要关心通过 push 函数就能实现向数组中添加元素就可以了，添加元素的过程细节对使用者来说是隐藏的。这个就是编程中"封装"的思想。

7.4 函数参数

7.4.1 参数的作用

在学习函数参数之前，首先思考一个问题，函数参数有什么用？为什么要有函数参数并且要学习呢？要回答这些问题，首先来看一段程序代码，如下所示：

```javascript
<script type="text/javascript">
    function getSum() {
        var sum = 0;
        for (var i = 1; i <= 100; i++) {
            sum = sum + i;
        }
        console.log(sum);
    }


    getSum ();
</script>
```

上面的代码虽然可以实现重复调用，但是有一个很严重的问题是只能计算 1~100 之间的和，如果现在需要计算任意两个数之间的和，该函数就无能为力了，那么该如何解决呢？

答案是可以使用函数参数解决。函数有了参数才有了灵魂，也正是有了函数参数，函数才具备强大的代码复用能力。函数参数分为两种：一种是形式参数，简称形参；另一种是实际参数，简称实参。

7.4.2 形参

形参全称叫形式参数，在声明一个函数时，函数内部的有些值是不能写死的，但是函数内部的值又是必须提供的，那么为了让函数的功能更通用灵活，在声明函数的时候，可以将这些不能写死的值以参数的形式表现出来。同时，由于在声明函数的时候，函数的参数还不能确定具体的值是多少，仅仅是起到一个占位符的作用，所以称这样的参数是形式意义上的参数，也叫形参。

对于上面的问题案例，此时可以对函数进行优化改造，将函数内部不能固定的值用函数参数的形式进行表示，此时代码如下：

```javascript
<script type="text/javascript">
    // 实现任意两个数之间的和
    function getSum(start, end) {
        var sum = 0;
        for (var i = start; i <= end; i++) {
```

JavaScript 快速入门与开发实战

```
            sum = sum + i;
        }
        console.log(sum);
    }

</script>
```

在声明 getSum 函数时，定义了两个形参，分别是 start 和 end，这两个参数在声明函数时，并不能确定具体的值，同时对于多个形参之间需要用英文状态下的逗号进行分隔。

7.4.3 实参

在调用函数时实际传递的参数叫作实参，实参是具体的值，作用是给形参传值的。以上面的 getSum 函数为例，调用该函数的时候，可以传递具体的数值给该函数。代码如下：

```
<script type="text/javascript">
    // 实现任意两个数之间的和
    function getSum(start, end) {
        // 省略...
    }
    getSum(30, 100);      // 调用函数,30 和 100 就是实参
</script>
```

7.5 带参数的函数调用的说明

对于 7.4.3 节的案例，参数在传递时，是把 30 这个实参传递给了 start 形参，把 100 这个实参传递给了 end 形参。当然，也可以理解为将值 30 赋值给了变量 start，将值 100 赋值给了变量 end。同时，还需要注意的一点是，在传递参数的过程中，形参的个数和实参的个数可能会不匹配。

7.5.1 形参和实参个数一样

```
<script>
    // 实参和形参个数一样
    function getSum(num1, num2) {
        var result = num1 + num2;
        console.log(result);
    }

    // 调用函数
    getSum(30, 100);
</script>
```

如果形参和实参的个数一样，那么在一对一正常传参匹配后，程序正常输出结果。

7.5.2 实参个数多于形参个数

```
<script>
    // 实参个数多于形参个数
    function getSum(num1, num2) {
        var result = num1 + num2;
        console.log(result);
    }


    // 调用函数
    getSum(30, 100,90);
</script>
```

如果传递的实参个数多于形参个数，那么多出来的实参将会被忽略。

7.5.3 实参个数少于形参个数

```
<script>
    // 实参个数少于形参个数
    function getSum(num1, num2) {
        var result = num1 + num2;
        console.log(result);
    }


    // 调用函数
    getSum(30);
</script>
```

如果传递的实参个数少于形参个数，那么多余的形参的值是 undefined。

7.5.4 arguments 对象

到目前为止，我们已经知道了函数的形参个数和调用函数传递的实参个数是可以不一致的，那么有这样的一个需求：计算任意多个数的和。针对这个需求，会发现在定义求和函数的时候，是无法确定该函数的参数具体有多少个的。此时问题是该求和函数内部要如何去接收传递给它的这些参数呢？

答案是在 JavaScript 中，每一个函数都天然拥有一个 arguments 内置对象，该对象其实是一个伪数组，数组中就保存了函数调用时传递的具体参数。

```
<script type="text/javascript">
    function sum() {
        // arguments 本质是一个数组，数组中就保存了实际传递的参数
        var x = 0;
        for (var i = 0; i < arguments.length; i++) {
```

```
        x = x + arguments[i];
    }
    console.log(x);
}

sum(10, 20); // arguments 数组的长度就是 2
sum(10, 20, 30); // arguments 数组的长度就是 3
sum(10, 20, 30, 40); // arguments 数组的长度就是 4
</script>
```

7.5.5 length 属性

在 JavaScript 中，函数还提供了一个 length 属性，表示的是函数期望接收到的参数的个数，实际上就是该函数在声明时定义的形参的个数。

```
<script type="text/javascript">
    function getSum(x, y, z) {
        console.log(x + y + z);
    }
    console.log(getSum.length);   // 结果是 3
</script>
```

7.5.6 arguments 和 length 对比

● arguments：是一个伪数组，既然是一个数组，也具有 length 属性，表示的是函数实际接收的参数个数，即调用函数时实参的个数。

● length：表示的是函数期望接收的参数个数，即函数在声明时定义的形参的个数。

7.6 函数的返回值

到目前为止，我们所定义的函数在执行完函数体之后，都是把结果直接打印了出来，但有时更希望的是函数调用完毕之后，函数能够给调用者一个结果。比如，当调用 parseInt 函数时，可以得到一个数字结果，这样就可以根据得到的数字结果进行后续的运算操作。同样的，我们希望自己定义的函数也具备这样的能力，让函数能够返回一个结果，该如何实现呢？在函数中，可以通过 return 关键字返回结果，并且返回的结果可以是任意数据类型。

需求：封装一个函数，求任意两个数的和，并返回结果。示例代码如下：

```
<script type="text/javascript">
    function getSum(num1, num2) {
        var x = num1 + num2;
        return x;   // 返回结果
    }

    var result = getSum(10,20);
```

```
        console.log(result);
    </script>
```

对于 return 关键字，有五点需要说明：

① return 后面指定值，表示函数的返回结果；

② return 后面可以不返回值，单独使用，表示不再执行 return 后面的语句；

③ 函数在执行的过程中，一旦遇到 return，函数会立即停止执行；

④ 在一个函数中，函数可以没有 return，那么调用完毕函数之后，函数的返回值是 undefined；

⑤ 任何一个函数执行完毕，都会有返回结果，可能是 undefined，也可能是 return 的值。

7.7 作用域

7.7.1 概述

通俗来说，作用域就是变量的可访问范围。在 JavaScript（ES6 之前）中的作用域有两种：一是全局作用域，二是局部作用域，又叫作函数作用域。

作用域的本质是用来隔离变量，使得变量在不同的作用域中哪怕名字相同也不会有命名冲突。

7.7.2 全局作用域

在 script 标签中编写的代码，例如变量、函数等，都在全局作用域中，单独的一个 JavaScript 文件也是一个全局作用域。

全局作用域在页面打开的时候就会自动创建，在页面关闭或者浏览器关闭的时候，全局作用域销毁。

在全局作用域中定义函数和变量，示例代码如下：

```
<script type="text/javascript">
    // 1. 在全局作用域下定义一个变量
    var x = 23;

    // 2. 在全局作用域下定义一个函数
    function add(num1, num2) {
        console.log(num1 + num2)
    }
</script>
```

7.7.3 局部作用域

因为局部作用域是跟函数相关的，所以又叫函数作用域。在调用函数时就会创建局部作用域，函数执行完毕后局部作用域销毁。

由于函数是可以被多次调用的，所以只要调用一次函数，那么就会创建一个新的函数作用域，各个函数作用域相互独立，互不影响。

　　函数作用域可以访问全局作用域中定义的变量和函数，反之不允许。函数作用域示例代码如下：

```html
<script type="text/javascript">
    // 声明函数
    function func() {
        // 局部作用域(函数作用域)
        var x = 66;
        console.log(x);
    }
    func();

    // 报错,全局作用域不能访问函数作用域中定义的变量
    console.log(x);
</script>
```

7.7.4　全局变量

　　根据作用域的不同，变量分为全局变量和局部变量，本小节先介绍全局变量。所谓的全局变量，就是在全局作用域下定义的变量，这些变量在全局作用域下都可以使用。

```html
<script type="text/javascript">
    var x = 'HelloWorld';    // 全局变量

    function func() {
        console.log('全局变量:' + x);
    }

    console.log(x);
    func();
</script>
```

7.7.5　局部变量

　　在局部作用域下定义的变量就是局部变量。由于局部作用域就是函数作用域，所以也可以理解为在函数中定义的变量就是局部变量，局部变量只能在函数中使用，函数调用完毕之后局部变量被销毁。

```html
<script type="text/javascript">
    function func() {
        var x = 'Spring';
        console.log('局部作用域去访问局部变量: ' + x);
    }

    func();
    console.log(x);    // 报错: x is not defined
</script>
```

需要注意的是，由于定义变量的时候，可以不使用 var 关键字，所以在函数中如果一个变量没有用 var 关键字定义，而是直接给这个变量赋值，那么这个变量也是一个全局变量。

```
<script type="text/javascript">
    function func() {
        x = 'Spring'; // 未定义而直接赋值的变量也是全局变量
        console.log('局部作用域去访问全局变量: ' + x);
    }

    func();
    console.log(x);
</script>
```

还需要知道的一点是，函数的形参是局部变量。

7.7.6 作用域链

在 JavaScript 中使用变量的时候，JavaScript 解析引擎会优先在当前作用域下查找该变量的值，如果找到了则使用当前作用域下的变量；如果当前作用域没有找到该变量，则继续查找外部作用域，如果外部作用域找到了，则使用该变量，否则继续查找外部作用域，直到找到变量或者直至全局作用域为止；当然如果在全局作用域中依然找不到该变量，便会执行以下操作。

非严格模式：隐式声明全局变量或者报错；

严格模式：报错。

● 【案例 7-1】

非严格模式，变量未定义但赋值。

```
<script type="text/javascript">
    // 全局变量
    var num = 20;

    function fn1() {
        // 在 fn1 局部作用域中访问变量 num
        console.log(num);

        function fn2() {

            var num = 45;
            console.log(num);

            x = 80;
            console.log(x);
        }
        fn2();
    }
    fn1();
</script>
```

解析：fn1()函数被调用后执行函数体，JavaScript 解析引擎优先从当前 fn1 作用域中查找 num 的值，发现没有，则继续查找外部的作用域，发现在全局作用域下定义了一个 num 变量，则使用外部作用域中定义的 num 变量的值；接着继续调用 fn2()函数执行函数体，依然优先从当前作用域中查找 num 的值，发现在 fn2 作用域中定义了 num 为 45，则使用当前 fn2 作用域中定义的 num。随后，给 x 变量赋值为 80，JavaScript 解析引擎依然在当前 fn2 作用域中查找 x 变量，发现找不到（因为变量没有声明），然后继续在外部作用域中（fn1 作用域）查找变量，发现依然找不到，则继续在外部作用域（全局作用域）中查找变量 x，发现找不到，那么在非严格模式下，就会创建一个名为 x 的全局变量，并为该变量赋值为 80。

- 【案例 7-2】

非严格模式，变量未定义直接使用。

解析：代码同上，仅仅把 x = 80 这句代码删除，运行程序会报变量未定义的错误。

- 【案例 7-3】

严格模式。

```html
<script type="text/javascript">
    // 全局变量
    var num = 20;
    function fn1() {
        // 严格模式
        'use strict';

        // 在 fn1 局部作用域中访问变量 num
        console.log(num);

        function fn2() {
            var num = 45;
            console.log(num);

            x = 80;
            console.log(x);
        }
        fn2();
    }
    fn1();
    console.log(x);
</script>
```

解析：使用 'use strict' 声明是在严格模式下，发现对于不管是否赋值还是直接使用未声明的变量都会报错。

7.8 提升机制

7.8.1 函数表达式

在介绍提升机制之前，首先补充关于定义函数的第二种方式，即函数表达式，又叫匿名函数方式。语法如下：

```
<script type="text/javascript">
    var func = function(参数1, 参数2...) {
        函数体
    }
</script>
```

对于函数表达式来说，有两点需要说明：
- 函数表达式的方式本质就是定义了一个变量 func，只不过变量 func 的值是一个函数；
- 通过函数表达式声明函数，该函数是没有名字的，func 不是函数名，而是变量名。

下面是函数表达式声明函数及调用函数代码示例：

```
<script type="text/javascript">
    var func = function(num1, num2) {
        return num1 + num2;
    }
    // 调用函数
    var result = func(10, 20);
    console.log(result);
</script>
```

7.8.2 问题引入及提升机制概述

众所周知，我们所编写的 JavaScript 代码是从上到下按照编写顺序依次执行的，然而经常遇到这样的问题，看如下案例代码。

- 【案例7-4】

```
<script type="text/javascript">
    console.log(num); // undefined
    var num = 20;
</script>
```

思考：程序从上到下按顺序执行，还没有来得及定义变量 num 就首先打印了，居然打印 undefined。

- 【案例7-5】

```
<script type="text/javascript">
    func();
    function func() {
        console.log("HelloWorld"); // HelloWorld
    }
</script>
```

思考：程序从上到下按顺序执行，还没有来得及声明函数就已经调用了，程序居然正常输出。

- 【案例7-6】

```
<script type="text/javascript">
```

```
    func(); // 报错

    var func = function() {
        console.log('HelloWorld');
    }
</script>
```

思考：和案例 7-5 相比，都是函数调用，为什么函数表达式的方式反而会报错？

为什么会产生这样的情形呢？其实这就是提升机制，也叫 Hoisting。在 JavaScript 中，提升包括变量提升和函数提升。

对于 JavaScript 代码的执行，JavaScript 解析引擎分成了两个阶段：预解析和代码执行阶段。

● 预解析：解析引擎会把 JavaScript 代码中定义的 var 和 function 提升到当前作用域的最前面。

● 代码执行：代码按照顺序从上到下真正执行代码。

7.8.3 变量提升

变量提升的含义是通过 var 关键字声明的变量会被提升到当前作用域的最上面，仅仅是声明提升，对变量的赋值不会提升。如图 7-1 所示。

7.8.4 函数提升

函数提升的含义是自定义函数的声明会提升到当前作用域的最上面，但是不会调用函数。如图 7-2 所示。

```
<script type="text/javascript">
    console.log(num); // undefined
    var num = 20;
</script>
```
等同于
```
<script type="text/javascript">
    var num;           // 声明变量提升

    console.log(num); // undefined

    num = 20;          // 赋值不会提升
</script>
```
图 7-1 变量提升

```
<script type="text/javascript">
    func();

    function func() {
        console.log('HelloWorld');
    }
</script>
```
等同于
```
<script type="text/javascript">
    // 函数提升到当前作用域的最上面
    function func() {
        console.log('HelloWorld');
    }

    func();
</script>
```
图 7-2 函数提升

7.9 高阶函数

7.9.1 概述

在 JavaScript 中函数是一种数据类型，意味着函数可以存储在变量中，所以函数可以作为值来使用。也就是说，可以把函数作为参数值传递给另一个函数，也可以将一个函数作为另一个函数的返回值。而所谓的高阶函数就是一个接收函数作为参数或者将函数作为返回值的函数。

7.9.2 函数作为参数

```
<script type="text/javascript">
    function fn1(f) {
        f();
    }
    fn1(function() {
        console.log('HelloWorld');
    });
</script>
```

解析：fn1 就是一个高阶函数，该函数接收一个参数 f，而在调用 fn1 函数的时候传递的参数是一个匿名函数，那么在 fn1 函数内部就会执行这个匿名函数。需要说明的是，这个案例代码没有什么实际意义。

7.9.3 函数作为返回值

```
<script type="text/javascript">
    function fn1() {
        return function() {
            console.log('HelloWorld');
        };
    }
    var fn = fn1();
    fn();
</script>
```

解析：定义了 fn1 函数，该函数的返回值是一个匿名函数，fn1 函数在调用之后，将该函数的返回结果赋值给 fn 变量，由于 fn1 函数的返回值是一个函数，所以 fn 变量的值就是一个函数。既然 fn 变量是一个函数，那么可以把 fn 这个变量当作函数去使用，以函数的方式使用它。

7.10 立即执行函数

立即执行函数的含义是定义一个函数，并立即调用这个函数。对于立即执行函数，往往会写成匿名函数的形式，语法形如："function(){}"，但是对于匿名函数来说，是不能直接这样书写的，否则会报错，需要使用"()"小括号给包裹起来。

立即执行函数非常重要的作用就是创建了一个独立的作用域，该作用域中的变量外部是不能访问的。可以定义多个立即执行函数，这样就避免了定义变量时命名冲突的问题。

立即执行函数的特点是函数会自动执行，且只会执行一次，利用这样的特点，可以做一些初始化操作。

立即执行函数的写法形式有两种，如下所示：

```html
<script type="text/javascript">
    (function() {
        // 函数体
    })();
</script>

<script type="text/javascript">
    (function() {
        // 函数体
    }());
</script>
```

7.11 任务练习

① 定义一个函数，功能是判断一个字符串是不是由纯数字组成。
② 定义一个函数，功能是根据给定的年份判断是否是闰年。
③ 定义一个函数，功能是根据给定的一个数组将其翻转。

小结

本章主要介绍了函数的相关基础知识，下面就本章内容做个简单小结。

① 介绍了函数的概念及作用，函数就是一段完成特定功能且可以被重复调用的代码段。

② 介绍了使用"function"关键字定义一个函数，而函数必须要调用才能执行函数体，对于函数，需要关心函数的两个方面，一是函数的参数，二是函数的返回值；对于函数参数，要能区分出形参和实参，所谓的形参就是声明函数时所定义的参数，本质也是一个变量，而实参是调用函数时，直接传递给函数的参数；并且介绍了函数返回值的作用，在调用完函数之后希望得到一个结果，使用 return 关键字实现，并且在 JavaScript 中，函数是一定会有返

回值的。

    ③ 介绍了作用域，有两种，分别是全局作用域和局部作用域，并且介绍了作用域链的作用。

    ④ 介绍了 JavaScript 的提升机制，包含变量提升和函数提升，其中涉及了预解析。

    ⑤ 介绍了高阶函数的两种形式，一是函数的参数是一个函数，二是函数的返回值是一个函数。

    ⑥ 最后介绍了立即执行函数的作用及两种写法。

第8章
面向对象

8.1 概述

在软件开发中存在两种编程思想，一种是面向过程，另一种是面向对象。这两种编程思想都是为了解决现实生活中的问题，既然有了面向过程，那为什么还要有面向对象？这两种编程思想有什么不同呢？

实际上，这两种编程思想并不是水火不相容的关系，恰恰是面向对象要基于面向过程，只是这两种编程思想在解决问题的过程中所关注的点不同。

首先说说面向过程，它所关注的点是解决问题的步骤和流程。以我要吃番茄炒鸡蛋为例，要解决这个问题，采用面向过程的思维是这样的：第一步将西红柿洗干净，切片；第二步拿出鸡蛋剥壳，打入碗中并搅拌均匀；第三步点燃煤气灶开火放炒锅；第四步向炒锅中放油，烧热后放盐，开始炒鸡蛋；第五步鸡蛋炒熟后，再放油烧热后开始炒西红柿，然后混合一起炒，接下来就是出锅。会发现，面向过程的思维是以步骤为核心，只要我们分析好了解决问题的步骤，接下来按部就班地执行就好了。

依然是以我要吃番茄炒鸡蛋为例，面向对象的编程思维是这样的：找一家餐厅，然后告诉服务员我的需求，接下来我只需要静静地等就可以了。会发现，面向对象的编程是以结果为核心，我并不关心番茄炒鸡蛋是如何做出来的，也就是说并不关心做的过程，我直接面对的是餐厅服务员，所以，服务员就是面对的对象。换句话说，面向对象就是需要解决什么问题，就找什么对象，需要买手机直接去手机专卖店即可，需要洗衣服直接找个洗衣机即可，需要喝冰糖雪梨找一家餐饮店即可，等等。结论就是，面向对象更加符合人们现实生活中解决问题的方法。

面向过程：将需要解决的问题过程化，步骤化，一步一步去做，直至问题解决。

面向对象：将需要解决的问题找个现成的对象来解决，关注的是解决问题的方法。学习面向对象，就是在学习如何去创建对象（因为首先得有对象）、使用对象。

8.2 创建对象的方式

上节提到了"对象"一词,那什么是对象呢?其实对象就是现实生活中一个个具体的事物,比如小明家的猫、小军的笔记本电脑、王五家的奥迪车等都是对象。那么我们是如何认识和描述对象的呢?

其实,我们认识现实世界中的事物(对象),往往是对这一类事物(对象)进行了分类。比如小明,有身高、体重、年龄和姓名等特征,并且还会吃饭、学习、唱歌、跳舞等行为,同样小军也是如此,那我们就把具有相同特征和行为的对象划分到了人类这个类别;再比如奥迪和马自达,都具有颜色、品牌、价格等特征,并且还会鸣笛、刹车、行驶等行为,那我们就可以把这一类对象划分到汽车这个类别;等等。诸如这样的分类太多了,就不再一一列举了。总之,只要给你介绍一个人,让你开一辆车,即便你不了解,但是一旦有了分类这样的概念,你也知道这个人、这辆车有哪些特征和行为。

我们知道 JavaScript 为编程语言,而学习编程语言就是为了编写程序解决现实生活中的问题,就必然要对现实生活进行模拟,那么针对现实生活中的对象,JavaScript 又是如何去描述的呢?在 JavaScript 中去描述对象和在生活中去描述对象是一样的,就是把该对象的特征和行为进行描述,也就是说,对象的本质其实就是一系列特征和一系列行为的综合体,是一个集合。

在 JavaScript 面向对象语言中,描述对象的特征叫属性,描述对象的行为叫方法,即:

属性:对象的特征,一般用名词表示,本质是数据,就是变量;

方法:对象的行为,一般用动词表示,本质是操作数据,是一个功能,就是函数。

那么接下来,我们就介绍下在 JavaScript 中如何去创建对象,目前只是介绍常用的四种方式。

8.2.1 new Object 方式

同创建数组语法类似,创建对象也需要使用"new"关键字。示例代码如下:

```
<script type="text/javascript">
    //  new Object 方式创建对象
    var zhangsan = new Object();

    // 给新创建的对象添加属性
    // >> 语法:对象名.属性
    zhangsan.username = '张三';
    zhangsan['age'] = 23;
    // >> 给这个对象添加方法(函数)
    zhangsan.eat = function() {
        console.log('张三会吃饭...');
    }
    // 使用对象
    var uname = zhangsan.username;
    console.log(uname);
```

```
    zhangsan.eat();
</script>
```

关于 new Object 方式创建对象，有几点需要说明：

- Object 首字母大写；
- 为对象添加属性，语法是对象名.属性 = 值；
- 为对象添加属性，还可以通过对象名['属性名'] = 值；
- 为对象添加方法，语法是对象名.方法名 = 函数。

8.2.2 字面量方式

所谓的字面量方式，语法就是使用"{}"去定义对象的属性和方法，在这种形式下，属性又名键，属性值又名值，是一个键值对。

```
<script type="text/javascript">
    // 字面量的方式创建对象
    var zhangsan = {
        username: '张三',
        age: 80,
        eat: function() {
            console.log('在吃饭...');
        }
    };

    // 使用对象
    console.log(zhangsan.username);
    console.log(zhangsan['age']);
    zhangsan.eat();
</script>
```

对于字面量的方式创建对象，有以下几点需要说明：

- 字面量的方式创建对象和 new Object 方式创建对象本质是一样的，只是语法不同；
- 字面量方式创建对象，"{}"中的属性和属性值用冒号隔开，多个属性之间用逗号隔开；
- 在使用对象时，属性同样可以使用"[]"中括号的形式获取属性值。

8.2.3 工厂函数方式

到目前为止，我们已经学会了如何去创建对象，并且在对象中如何去定义属性和方法，不过依然有个问题就是：刚才创建的是一个对象，那如果我们要创建多个对象又该怎么办呢？或许有读者会说，一个对象能创建，那么多个对象的创建照葫芦画瓢不就可以了吗？代码如下：

```
<script type="text/javascript">
    // 字面量的方式创建对象
    var p1 = {
        username: '张三',
        age: 80,
```

```
        eat: function() {
            console.log('在吃饭...');
        }
    };
    var p2 = {
        username: '李四',
        age: 34,
        eat: function() {
            console.log('在吃饭...');
        }
    };
    // ... 要创建更多的对象
    console.log(p1);
    console.log(p2);
</script>
```

通过上述代码发现，的确可以创建很多很多的对象，但是这样的实现方式并不优雅，因为只要创建一个对象，就需要重新定义一次相同的属性和方法，很麻烦。既然我们已经学习了函数，函数的一个作用就是可以去封装重复性的代码，那么可以把上述代码用函数的形式封装起来。代码如下：

```
<script type="text/javascript">
    function person(username, age) {
        var obj = {
            username: username,
            age: age,
            eat: function() {
                console.log('在吃饭...');
            }
        };
        return obj;
    }

    var p1 = person('张三', 90);
    var p2 = person('李四', 92);
</script>
```

可以看到，定义了一个 person 函数，该函数的作用就是用来创建对象（封装了属性和方法）并且在函数内部返回创建好的对象，创建的每个对象的不同属性值通过形参的方式接收。这个 person 函数就是工厂函数，而工厂函数就是用来创建对象的，从而实现了代码的复用性。

8.2.4 构造函数方式

在上一小节中介绍的工厂函数创建对象看似没有问题，但是创建的对象都是 Object 类型的，无法区分不同类型的对象，这个就是工厂函数创建对象不好的地方。在现实生活中，万物皆对象，但是对象应该是有类别的，属于某一类。那能否有一种方式，既可以实现创建对象的功能，又可以确定这个对象属于什么类别呢？这样就更加符合现实世界了，在 JavaScript 中，通过构造函数的方式就可以解决这个问题。通过定义构造函数，就可以理解为定义了一个分类，用构造函数所创建出来的对象就是这个分类下的具体实例，一个个体。示例代码如下：

```
<script type="text/javascript">
    // 通过构造函数的方式去创建对象
    function Person(username, age) {
        this.username = username;
        this.age = age;
        this.eat = function() {
            console.log(this.age + '岁的' + this.username + '在吃饭...');
        }
    }

    var p1 = new Person('张三', 67);
    p1.eat();

    var p2 = new Person('李四', 90);
    p2.eat();
</script>
```

上述示例代码定义了 Person 函数，这个 Person 函数其实就是一个构造函数。构造函数本质也是一个函数，也需要通过关键字 function 来进行定义，定义方式和普通函数没有区别。不同之处在于以下几点：

- 构造函数封装的是对象的属性和方法，普通函数封装的是普通的功能代码；
- 构造函数的函数名首字母习惯大写并且是名词形式，普通函数的函数名首字母小写并且是动词形式；
- 构造函数调用需要使用 new 关键字，普通函数调用直接调用即可；
- 构造函数不需要 return 返回结果，会把当前的 this 返回，普通函数不 return 则结果是 undefined。

通过构造函数的方式去创建对象，定义的这个构造函数是一个标准写法，会发现在函数内部去封装对象的属性和方法时，使用到了 this 关键字，this 关键字可以理解为所 "new" 出来的对象，通过 this 可以为当前创建的对象动态添加属性和方法（关于 this 关键字，后续会有章节重点讲解）。

> **总结：** 构造函数就是把对象中的相同属性和方法抽取出来封装的函数，它定义的是一类对象。其本质也是一个函数，只不过构造函数在调用的时候需要使用 new 关键字（如果直接调用构造函数，那就是普通函数的调用了）。通过构造函数创建对象也叫对象的实例化，同时构造函数的首字母要大写。

了解了构造函数创建对象，下面介绍一下在调用构造函数创建对象时，new 关键字的执行流程：

① 首先在内存中创建一个空的对象；

② 对象一旦创建，就会生成对象的内存地址，同时 this 就会指向新创建的空对象（构造函数中的 this 和生成的内存地址就同时指向了新创建的对象）；

③ 逐行执行构造函数体代码，并为 this 指向的新创建的对象添加属性和方法；

④ 将新创建的对象作为返回值返回（即 return this）；

⑤ 将这个对象的内存地址赋值给 var 声明的变量（也称为对象引用）。

介绍了 new 调用构造函数创建对象的执行流程，最终对象在内存中如图 8-1 所示。

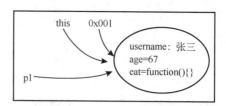

图 8-1 构造函数创建对象内存图

使用构造函数方式创建对象时，在构造函数中通过 this 为当前创建的新对象添加属性和方法，这些属性和方法也叫对象成员，或者称为实例成员，这些成员只能由实例化的对象来调用；成员不仅仅可以在 this 实例对象身上添加，还可以在构造函数本身上添加，这种成员称为静态成员，静态成员只能由构造函数本身去调用。

实例成员：在构造函数内部通过 this 向创建的对象添加属性和方法，只能由实例化的对象去调用；

静态成员：在构造函数上添加的属性和方法，只能由构造函数本身去调用。

下面介绍静态成员如何用代码实现，示例如下：

```html
<script type="text/javascript">
    // 通过构造函数的方式去创建对象
    function Person(username, age) {
        this.username = username;
        this.age = age;
    }

    // 添加静态成员
    Person.className = '计算机班';
    Person.getClassName = function() {
        return Person.className;
    }

    // 调用
    console.log(Person.className);
    console.log(Person.getClassName());
</script>
```

8.3 原型 prototype

8.3.1 构造函数创建对象问题引入

在上一节中，介绍了通过构造函数的方式创建对象，其实对于这种方式有一个问题就是对象的属性和方法都定义在了构造函数内部，并且是向 this 所指向的新创建的对象添加了属性和方法。对于属性来说这样做是没有问题的，因为在我们去 new 调用构造函数的时候，每个对象的属性值的确是不同的（因为每个对象的特征是不同的）；但是对于方法来说就不好了，因为在每创建一个对象的时候，方法又被重新定义了一份，这样就对内存造成了极大的浪费，因为方法本身的代码是一样的，没有必要每创建一个对象，方法又重新定义一次。那么是否存在一种方式可以让创建出来的实例对象共享同一个方法，使方法只需要定义一次就可以，避免内存空间的浪费呢？答案是肯定的，这个就需要通过原型对象了。总结一点，即在面向对象编程语言中关于对象的创建，属性是属于每个对象自身的，方法是实例对象共享的。

8.3.2 原型的使用

了解了原型要解决什么问题，接下来看看原型是如何做的，然后再详细讲解原型对象。示例代码如下：

```
<script type="text/javascript">
    // 定义构造函数,只封装属性
    function Person(username, age) {
        this.username = username;
        this.age = age;
    }

    // 向 Person 构造函数的原型对象身上添加 eat 方法。
    Person.prototype.eat = function() {
        console.log(this.age + '岁的' + this.username + '在吃饭...');
    };

    var p1 = new Person('张三', 67);
    // 实例对象去访问原型对象身上的 eat 方法可以正常执行
    p1.eat();
</script>
```

在上述代码中只是添加了一句"Person.prototype.eat = function(){}"代码，所创建的实例对象 p1 就可以调用 eat 方法，创建其他对象也是同样的道理，原理如下：

当程序去加载 Person 构造函数的时候，JavaScript 引擎就会为 Person 构造函数去创建 Person 的原型对象，同时 Person 构造函数中有一个 prototype 的属性指向了 Person 原型对象，而 Person 原型对象中也有一个 constructor 属性指向了 Person 构造函数，当通过 Person 构造函数创建实例对象 p1 时,p1 实例对象的内部也会有一个__proto__属性指向 Person 原型对象，当 Person 的一个实例对象 p1 去调用一个不存在的方法时，就会自动到 Person 构造函数的原型对象中去查找。如图 8-2 所示。

实际上当我们去访问 p1 实例对象的 eat 方法时，这个 p1 实例对象身上本来是没有 eat 方法的，只有 username 和 age 两个属性，那为什么仍然可以访问 eat 方法呢？原因就在于当实例对象去调用一个不存在的方法时，会自动到 Person 原型对象中去找，这样，无论我们创建多少个对象，都会自动到 Person 原型对象中去找相应的方法了。对于属性的访问来说，也是如此。示例代码如下：

```
<script type="text/javascript">
    function Person(username, age) {
```

```
        this.username = username;
        this.age = age;
    }

    var p1 = new Person('张三', 67);
    console.log(p1.constructor);
</script>
```

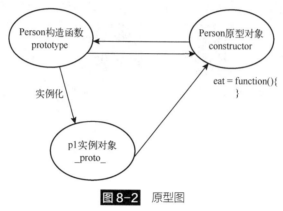

图 8-2　原型图

再来介绍下 constructor 属性，该属性的作用是返回对象的构造函数。可以发现，p1 实例对象是没有 constructor 属性的，那么去访问该属性的时候，理论上应该输出的结果是 undefined，但是发现输出的是 Person 构造函数。原因是这样的：当我们去访问实例对象中不存在的属性时，此时实例对象就会自动去 Person 构造函数的原型对象中去找。通过图 8-2 可以看出，Person 原型对象里面有一个 constructor 属性指向了 Person 构造函数，所以实例对象 p1 去访问该 constructor 属性时，实际上是通过原型对象身上的 constructor 属性去访问的。

> 总结：当我们去访问实例对象身上的属性或者方法时，JavaScript 引擎优先会在实例对象自身上去寻找，如果有则直接使用。如果没有则会去原型对象中寻找，如果找到了则直接使用。这个就是实例对象中具有__proto__属性的意义所在，就是为对象去访问属性和方法提供了一种查找机制。

还需要明确的一点是，今后我们在通过构造函数的方式去创建对象时，可以将对象的属性和方法统一定义到构造函数所对应的原型对象身上，这样的话，所创建的实例对象都会具有这些属性和方法。

总而言之，属性要定义在构造函数中，方法要定义在构造函数的原型对象中。

8.4　原型继承

8.4.1　概述

通过构造函数的方式创建对象，构造函数其实是抽象了一些对象的公共属性和方法，封装到了构造函数中。构造函数也可以理解为代表了一个分类，同理 Object 也是一个构造函数，它代表的是一切分类，是一个顶级分类（注：在 ES6 之前，JavaScript 中没有类的概念，只有对象的概念，在这里只是为了叫法方便）。我们经常说，所有类的父类都是 Object 类，这个是为什么呢？回答这个问题之前，再来思考一个问题：

创建构造函数时，JavaScript 引擎会创建与构造函数对应的原型对象，在构造函数中有一个 prototype 属性指向了原型对象，说白了，原型也是一个对象。既然原型是一个对象，那么这个对象必然也是由一个构造函数去实例化的，问题是这个原型对象又是哪个构造函数的实例对象呢？如果感觉有点绕，那先来举一个案例：

```
<script type="text/javascript">
    function Person(username) {
        this.username = username;
    }

    var p1 = new Person('张三');
</script>
```

在上述代码中，通过 Person 构造函数去实例化了实例对象 p1（注：p1 变量是实例化对象的引用，为了表达方便，说 p1 是一个对象），既然 p1 是一个对象，那么 p1 是 Person 构造函数的一个对象，因为 p1 对象的创建是由 Person 构造函数去创建的。如果明白了这一点，现在再来思考刚才的问题：原型对象也是一个对象，那么这个原型对象又是通过哪个构造函数去产生的呢？

答案就是原型是一个对象，是 Object 类下的一个实例对象，换句话说，这个原型对象是通过 Object 构造函数创建的，代码表示即 Person.prototype = new Object()。

8.4.2　透彻理解原型继承

Person.prototype = new Object()该如何去理解呢？

当 JavaScript 引擎去加载 Person 构造函数时就会自动为 Person 构造函数创建与之对应的 Person 原型对象，当系统去创建 Person 原型对象时，JavaScript 引擎会默认执行一条语句，即 Person.prototype = new Object()，也就是说，Person 原型对象是 Object 类的一个实例。既然 Person 原型对象是 Object 类的实例，那么理所应当的 Person 原型对象就会拥有 Object 类中的属性和方法，当我们通过 Person 构造函数去实例化对象时，这些实例对象就可以通过原型对象去使用这些属性和方法，所以说 Object 类是所有类的父类。

代码举例如下：

```
<script type="text/javascript">
    function Person(username) {
        this.username = username;
    }

    var p1 = new Person('张三');
    console.log(p1.toString());
</script>
```

上述代码中，p1 实例对象中明明没有 toString()方法，为什么 p1 实例对象可以去调用 toString()方法呢？原因如图 8-3 所示。

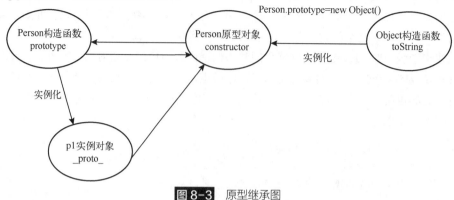

图 8-3 原型继承图

当 JavaScript 引擎去创建 Person 原型对象（原型对象也是一个对象）时，也要通过一个构造函数，这个构造函数就是 Object。在创建原型对象时，JavaScript 引擎执行如下代码：Person.prototype = new Object()。我们知道，只要"new"那么就意味着"实例化"，实例化就又意味着 Object 构造函数中定义的属性和方法都会被 Person 原型对象所拥有。Object 类中有一个 toString()方法，意味着 Person 的原型对象中也会有一个 toString()方法，当 p1 实例对象去调用 toString()方法时，由于 p1 实例对象中没有 toString()方法，那么按照原型的查找机制，当一个实例对象去访问一个不存在的属性和方法时，就会自动地去找构造函数所对应的原型对象，Person 原型对象中已经有 toString()方法了，那么 p1 实例对象自然就可以调用 toString()方法。

把这种思想再深入扩展分析一下，就是只要是通过构造函数的方式去创建任何的实例对象，这些实例对象都可以去调用 Object 类中的属性和方法，Date 日期对象可以使用 Object 类提供的方法，自定义的 Person 对象也可以使用 Object 类提供的方法，这个就是继承关系。准确来说就是通过原型的方式实现了继承，这个也就是为什么说 JavaScript 中所有类的父类都是 Object 类的原因。

8.5 原型链

8.5.1 问题引入

首先思考一个问题：Object 构造函数有与之对应的 Object 原型对象吗？毫无疑问答案是有的。在讲解原型时，我们说当 JavaScript 引擎去加载一个构造函数时，就会自动地为该构造函数创建与之对应的原型对象。比如，JavaScript 引擎去加载 Person 构造函数时就会自动地为 Person 构造函数创建 Person 原型对象。相对应的，当 JavaScript 引擎去加载 Object 构造函数时，也应当自动地为 Object 构造函数创建 Object 原型对象；当 JavaScript 引擎去加载 Date 构造函数的时候，也应当自动地为 Date 构造函数创建 Date 原型对象；等等。唯一的区别在于，这个 Person 构造函数是我们自己定义的，而 Object 构造函数是 JavaScript 本身就定义好的。如图 8-4 所示。

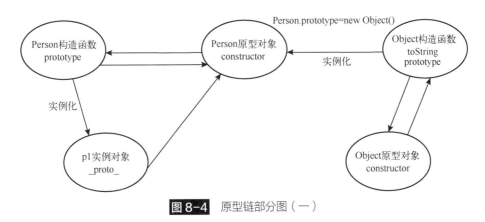

图 8-4　原型链部分图（一）

8.5.2　原型对象中的__proto__

由图 8-4 引发思考，实例对象 p1 内部有一个__proto__属性指向了创建 p1 对象的 Person 构造函数所对应的 Person 原型对象，而作为 Person 原型对象，本身也是一个对象，是由 Object 构造函数实例化的，那么这个 Person 原型对象里面是不是也应该有一个__proto__属性呢？答案是有的。因为对于 p1 实例对象来说，它内部有一个__proto__属性，而 Person 原型对象也是作为一个实例对象，那么它的内部也应当有一个__proto__属性。p1 对象中的__proto__属性指向了 Person 构造函数的原型对象，问题是 Person 原型对象中的__proto__属性又指向了哪里呢？

答案：由图 8-4 得到，Person 构造函数的原型对象中的__proto__属性应该是指向了创建 Person 原型对象的构造函数的原型对象，我们知道 Person 原型对象是由 Object 构造函数所创建的，那么 Person 原型对象中的__proto__属性应该是指向了 Object 构造函数的原型对象。如图 8-5 所示。

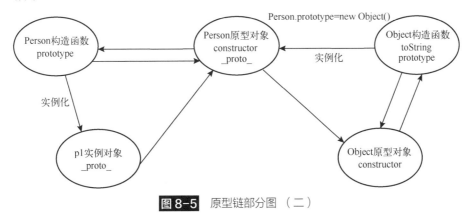

图 8-5　原型链部分图（二）

8.5.3　Object 原型对象的作用

下面再来思考一个问题：Person 原型对象中的__proto__属性指向 Object 构造函数的原型对象有什么作用？如果向 Object 构造函数的原型对象中添加属性或者方法的话，就意味着

JavaScript 系统中所有的对象都可以拥有这个属性和方法，而且非常有用。例如，要调用 p1.xxx() 方法，如果 p1 实例对象里面没有 xxx() 方法，那么 p1 实例对象就会去找 Person 构造函数与之对应的 Person 原型对象中是否有这个 xxx() 方法，如果 Person 原型对象中也没有 xxx() 方法，那么此时 Person 原型对象中的 __proto__ 属性也会自动去找 Object 原型对象中的 xxx() 方法。这样做的用处在哪里呢？

假设有一个方法叫作 info() 方法，如果需要这个 info() 方法可以被 JavaScript 系统中所有的对象使用，该如何做？可以这样想，既然 JavaScript 中所有类的父类都是 Object，那能不能把这个 info() 方法添加到 Object 类中呢？答案是不可以的，因为我们不可能去修改 JavaScript 系统中已经提供好的 Object 类，但是我们把这个 info() 方法添加到 Object 构造函数所对应的 Object 原型对象中去就可以实现了。因为当 p1 实例对象要去调用 info() 方法时，p1 实例对象内部没有 info() 方法，那么 p1 实例对象就会去找 Person 原型对象中是否有 info() 方法，发现如果依然没有，那么 Person 原型对象也会继续去向 Object 原型对象中去查找是否有 info() 方法，发现是有的，p1 实例对象就可以使用 info() 方法了，以此类推。最后总结一点：有了 Object 原型对象配合原型的查找机制，就可以非常方便地去扩展 Object 的功能，也就是所有类的功能。

这种一级一级地具有层级关系的原型查找机制，非常类似于链子，所以也叫作原型链。

8.5.4 Object 原型对象中的 __proto__

问题：Object 原型对象内部是否也应该有 __proto__ 属性呢？

分析：原型对象也是一个对象，那么这个 Object 原型对象也应该由一个构造函数所创建，那么这个构造函数又是谁呢？JavaScript 中所有类的父类都是 Object，Object 已经作为了顶级的类存在了，那么这个 Object 类的上级又是谁呢？如果有上级的话，是不是这个上级也应该由一个构造函数去创建呢？读到这里，你是不是有一种"世界上的第一个人是谁"的感慨呢？没错，其实到目前为止，理论上来说，Object 原型对象中确实应该有一个 __proto__ 属性去指向某个原型对象，实际上，Object 原型对象中的 __proto__ 属性指向的是计算机系统的一块内存区域，是一个未知的区域，即什么都不是，可以理解为 "null"。完整的原型链图如图 8-6 所示。

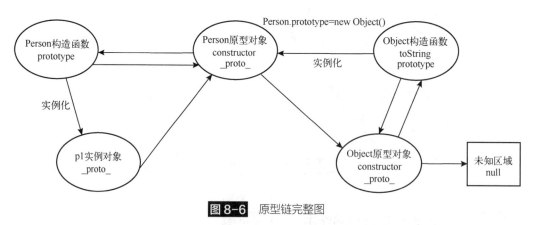

图 8-6 原型链完整图

至此，关于原型链的内容就全部介绍完毕了，最后总结几点：

- 对于实例对象来说，都会有一个 __proto__ 的属性，指向原型对象；
- Person 原型对象默认是 Object 构造函数的实例；

- Person 原型对象中的__proto__属性默认指向的是 Object 原型对象；
- Object 原型对象中的__proto__属性指向的是 null。

8.6 this 关键字理解

在面向对象编程语言中，有一个关键字 this 是不得不重点介绍的，事实上，对于所编写的程序，我们总是在不经意间使用了 this。通过观察发现，this 的值并不是一成不变的，同样的函数不同的调用方式，函数体内的 this 也是不一样的，情况也确实如此。实际上，函数中的 this 在定义函数时是无法确定其值的，只有当函数真正被调用执行了，才能确定函数中 this 的值。不过虽然我们无法具体确定 this 值是多少，但是在大多数情况下，函数中的 this 指向当前对象，指向的是执行该函数时的对象。

目前来说，关于函数内部 this 的指向，共分为了以下四点，当然还有其他使用场景，以后章节会逐步介绍。

8.6.1 全局性普通函数中的 this

```
<script type="text/javascript">
    // 普通函数中的 this
    function fn() {
        console.log(this);        // window
    }

    fn();
</script>
```

结论：全局性普通函数中的 this 指向全局对象 window。

8.6.2 构造函数中的 this

```
<script type="text/javascript">
    // 构造函数中的 this
    function Person() {
        console.log(this);
    }

    new Person();
</script>
```

结论：构造函数中的 this 指向 new 出来的实例对象。

8.6.3 对象方法中的 this

在对象方法中，this 的值代表当前对象，是谁调用了这个方法，方法中的 this 就是谁。也就是说，this 的值就是该方法所在的对象，此时 this 是可以访问到该方法所在对象下的属性的。示例代码如下：

```
<script type="text/javascript">
    // 对象中的 this
    var person = {
        username: 'HelloWorld',
        run: function() {
            console.log(this);
            console.log(this.username);
        }
    };
    person.run();
</script>
```

8.6.4 原型对象方法中的 this

```
<script type="text/javascript">
    function Person(username) {
        this.username = username;
    }

    // 原型对象方法中的 this
    Person.prototype.eat = function() {
        console.log(this.username + '在吃饭...');
    }

    // 创建对象
    var p1 = new Person('HelloWorld');
    p1.eat();
</script>
```

> **总结**：原型对象方法中的 this 指向的是实例对象 p1，其实也可以这样理解，eat()方法是被实例对象 p1 调用的，那么 eat()方法中的 this 就指向实例对象 p1。

8.7 继承

讲到继承还是需要强调一下，在 ES6 之前 JavaScript 没有类的概念，只有对象的概念。在之前的章节中也提到所谓的构造函数，就是把一些对象的公共属性和方法提取出来封装到函数中，这个构造函数封装是一类对象的属性和方法，所以可以通俗地理解为，构造函数就是定义了一个分类，那么在下文中，我们就把构造函数称之为类了，仅仅是为了读法上方便而已。

8.7.1 对象冒充

```
<script type="text/javascript">
    // 定义父类
    function Parent(username) {
        this.username = username;
        this.sayName = function() {
            console.log(this.username);
        }
    }

    // 定义子类
    function Child(username, password) {
        this.password = password;
        // >> 对象冒充
        this.method = Parent;
        this.method(username);
        delete this.method;
    }

    var child = new Child('张三', '123456');
    console.log(child.username);
    child.sayName();
</script>
```

在上述案例中定义了 Parent 父类和 Child 子类，运行程序发现 child.sayName()居然能够正常打印结果，可是实例对象 child 并没有 sayName()方法，而这个 sayName()方法是定义在父类 Parent 上的，子类可以调用父类的 sayName()方法，就相当于子类 Child 把父类 Parent 中的方法给继承下来了，为什么是这样呢？

解析：原因在于子类 Child 构造函数的定义上，在 Child 函数内部，为 Child 定义了一个 method 属性，而这个 method 属性又指向了 Parent 函数（也就是 method 属性实际上也是一个函数，既然是函数，就可以以函数的方式去调用），然后又通过 this.method(username)代码去调用了这个 method 方法（实际上是调用了 Parent 函数），此时的 this 由于是在 Child 构造函数中使用的，所以 this.method 执行的时候，这个 this 本身指的是 Child 实例对象，但是实际上是调用的 Parent 函数。那么对于 Parent 函数来说，Parent 函数内部的 this 又该是谁呢？是 Parent 实例对象吗？显然不是的，因为函数内部的 this 具体指向谁，是由这个函数到底是由哪个对象调用决定的，很明显 Parent 函数实际上是由 Child 实例对象去调用的，所以 Parent 函数中的 this 实际上是 Child 实例对象，通过 this.method(username)代码就相当于是为 Child 实例对象添加了 username 属性和 sayName()方法，所以 Child 实例对象可以使用 sayName()方法。

同时还需要注意：最后还需要 delete this.method，因为调用完 method 方法之后，父类中的属性和方法就已经动态添加到了 Child 子类身上，所以 method 属性就没有存在的必要了。

8.7.2　call/apply 方式

在讲解 call 方式实现继承之前，还是有必要把 this 关键字的使用场景再来做一个梳理，分别如下：

- 全局性普通函数调用，this 指向 window；
- 构造函数中的 this 指向 new 出来的实例对象；
- 对象方法中的 this 指向调用它所在方法的对象；
- 原型对象中的 this 指向实例对象。

上面出现的四种情况都是 this 默认的指向，那么在 JavaScript 中是否可以去改变函数内部 this 默认的指向呢？答案是可以的，使用 call/apply 方式就可以做到。

> **总结**：call 和 apply 的作用可以改变函数内部 this 的指向。

首先来看一个程序，示例代码如下：

```javascript
<script type="text/javascript">
    function Person(username, age) {
        this.username = username;
        this.age = age;
    }

    function info() {
        console.log(this.username + '-' + this.age);
    }

    var p1 = new Person('张三', 89);
</script>
```

需求：借用这个 info 函数去实现对实例对象 p1 的打印。

分析 1：直接通过对象调用，即 p1.info()，这种方法实际上是不行的，因为对于实例对象 p1 来说根本就没有 info 这个方法，p1 对象只有 username 和 age 两个属性。

分析 2：给实例对象 p1 动态添加一个属性 info，这个属性指向定义的 info 函数，是否可以通过 p1.info() 去打印对象的信息呢？此种方式确实可以，但是这种方式有一个不好的地方就是我们是通过为 p1 实例对象添加属性完成的，试想一下，如果有类似的需求，是不是都需要向 p1 实例对象添加属性来完成呢？这就会导致 p1 实例对象占据的空间越来越大，所以这种方式并不是最好的解决办法。

❤️ 深度思考

其实我们的需求很简单，就是想利用 info 函数实现对 p1 实例对象的打印，只不过 info 函数中的 this 默认指向 window，我们就在想能否去修改 info 函数中的 this 指向，使其指向实例对象 p1，那么问题就迎刃而解了。答案是可以的，这就需要使用 call/apply。

call/apply 介绍：

功能：使用指定的对象调用当前函数

语法：call(thisObj,param1,param2...) / apply(thisObj[,param1,param2,...])

说明：两个方法的功能完全一样，唯一区别就是参数。

了解了 call/apply 两个方法，下面使用该方法解决上述代码的问题，代码如下：

```
<script type="text/javascript">
    function Person(username, age) {
        this.username = username;
        this.age = age;
    }

    function info() {
        console.log(this.username + '-' + this.age);
    }

    var p1 = new Person('张三', 89);

    // 改变 info 函数中的 this, 使其指向 p1
    info.call(p1);
</script>
```

当通过函数去调用 call 方法时，函数内部的 this 会自动指向 call 方法中的第一个参数。对于上述代码，info 函数中的 this 指向了 p1 实例对象，所以可以利用 info 函数实现对实例对象 p1 对象的打印了。至此，call/apply 的使用方式就介绍完毕了，下面利用 call/apply 实现继承，示例代码如下：

```
<script type="text/javascript">
    // 定义父类
    function Parent(username) {
        this.username = username;
        this.sayName = function() {
            console.log(this.username);
        }
    }
    // 定义子类
    function Child(username, password) {
        this.password = password;
        // >> call 方式实现继承
        Parent.call(this, username);
    }

    var child = new Child('张三', '123456');
    console.log(child.username);
    child.sayName();
</script>
```

分析上述代码得出，Parent.call(this,username)代码，实际上 call 函数是将构造函数 Parent 上所有属性和方法挂在了 Child 对象上，所以 Child 对象能够直接调用 Parent 构造函数上定义的 sayName()方法，从而实现了继承。

8.7.3　扩展 Object 类

语法：

```
Object.prototype.方法名 = function(parentObject) {
    for (var attr in parentObject) {
        this[attr] = parentObject[attr];
    }
}
```

分析：通过扩展 Object 类的方式去实现继承很好理解，为 Object 类的原型对象添加一个方法，这个方法需要接收一个父类型的实例对象，而方法内部循环遍历这个父类型的实例对象，把父类型实例对象中的所有属性和方法添加到 this 所指向的对象中，那么就说明了 this 指向的那个对象也会拥有父类中的所有属性和方法。

通过扩展 Object 类，实现继承，示例代码如下：

```
<script type="text/javascript">
    // 定义父类
    function Parent(username) {
        this.username = username;
        this.sayName = function() {
            console.log(this.username);
        }
    }
    // 定义子类
    function Child(password) {
        this.password = password;
    }

    // 实现继承
    Object.prototype.add = function(parentObject) {
        for (var attr in parentObject) {
            this[attr] = parentObject[attr];
        }
    }

    var child = new Child('123456');
    // 调用 Object 原型对象身上的 add 方法实现将父类的属性和方法挂到 Child 对象上
    child.add(new Parent('张三'));
    console.log(child.username);
    child.sayName();
</script>
```

对上述代码，有两点需要分析：

① 为什么使用扩展 Object 类，通过对 Object 的原型对象添加方法的方式呢？这个其实是原型链的性质决定的，因为当我们对 Object 的原型对象添加属性和方法时，所创建的任何实例对象都可以拥有此属性和方法。所以这里的 Child 实例对象是可以调用 add()方法的。

② 这种方式实际上就是循环遍历父类型的实例对象中的所有属性和方法，将这些属性和方法挂在了子类型的实例对象中，所以实例对象也就具有了父类型中定义的属性和方法，也相当于继承了下来。

JavaScript 快速入门与开发实战

8.7.4　原型方式

语法：

```
子类.prototype = new 父类();
```

分析：再来回顾一下之前的一个问题，为什么说 Object 是所有类的父类呢？是因为在 JavaScript 系统中，所有类在被加载完毕之后会自动去创建类的原型对象，那么这个原型对象又是怎么创建的呢？默认情况下，这个原型对象是 Object 类的实例对象，也就是"类名.prototype = new Object()"，也就是说，Object 类下面的所有属性和方法都会被这个原型对象所拥有。比如现在有一个 Person 类，并且默认情况下 Person 原型对象就是 Object 的实例，即 Person.prototype = new Object()，所以 Object 类下的属性和方法都会被 Person 原型对象所拥有，也就是被 Person 类所拥有，所以说，Object 类被 Person 类继承了。现在再思考一个问题，给定任意的两个类 A 和 B，要实现 A 继承 B，该如何实现呢？

其实让 A 继承 B，就意味着 B 中的属性和方法都被 A 所拥有，根据分析我们可以得出这样的结果，即 A.prototype = new B()即可。示例代码如下：

```html
<script type="text/javascript">
    // 定义父类
    function Parent(username) {
        this.username = username;
        this.sayName = function() {
            console.log(this.username);
        }
    }

    // 定义子类
    function Child(password) {
        this.password = password;
    }

    // 实现继承
    Child.prototype = new Parent('张三');

    var child = new Child('123456');
    console.log(child.username);
    child.sayName();
</script>
```

分析：我们把 Parent 的实例对象赋值给了 Child 原型对象，那么这个 Child 原型对象身上就会具有 Parent 身上所具有的属性和方法，当我们通过 Child 实例对象去访问 username 属性和调用 sayName 方法时，优先查找自身，若没有，那么此时实例对象 Child 就会自动去查找原型对象身上是否有该属性和方法，发现是存在的，所以可以直接访问 username 属性和 sayName 方法。

8.8 常用的内置对象

　　至此，关于 JavaScript 如何去创建对象、原型、继承等全部内容就介绍完毕了。事实上，我们之前所介绍的对象都是开发者自定义的对象，实际上 JavaScript 系统本身还提供了多个内置对象让开发者直接使用，内置对象主要就是为了方便开发，这些内置对象都提供了常用的一些属性和方法。

8.8.1 Math 对象

　　Math 内置对象提供了一些与操作数学任务相关的属性和方法，常常对 Number 数字类型进行计算，同时 Math 不是一个构造函数，使用时不需要 new 关键字。Math 的所有属性和方法都是静态的，可以直接通过构造函数去调用。下面介绍 Math 最基本的一些操作，示例代码如下：

```javascript
<script type="text/javascript">
    // 圆周率
    console.log(Math.PI);

    // 求平方
    console.log(Math.pow(-13, 2));

    // 求绝对值
    console.log(Math.abs(-13));

    // 求最大值
    console.log(Math.max(10, 20, 45, 28, 96, 47));

    // 向上取整
    console.log(Math.ceil(1.8));
    console.log(Math.ceil(1.3));
    console.log(Math.ceil(-1.9));
    console.log(Math.ceil(-1.1));

    // 向下取整
    console.log(Math.floor(1.9));
    console.log(Math.floor(1.3));
    console.log(Math.floor(-1.3));
</script>

<script type="text/javascript">
    // 四舍五入
    console.log(Math.round(1.5));
    console.log(Math.round(1.1));
    console.log(Math.round(-1.1));
```

```
    console.log(Math.round(-1.6));

    // 结果: 0 <= x < 1
    var x = Math.random();
    console.log(x);

    // 思考：要求任意两个数之间的随机数,例如: [10,20]
    var r1 = Math.floor(((20 - 10 + 1) * Math.random())) + 10;
    console.log(r1);
</script>
```

8.8.2 字符串对象

对于字符串对象来说，字符串是不可变的，所以不要进行大量的字符串拼接。例如：

```
<script type="text/javascript">
    var str = 'Spring';
    str = 'Summer';
</script>
```

输出 str 变量的值发现内容变化了，其实是地址改变了，在内存中重新开辟了一个新的空间用于存放新的字符串对象。也就是说，字符串一旦创建就不会改变了。字符串的常用方法如表 8-1 所示。

▣ 表 8-1　字符串常用方法

方法名	说明
substring(start, end)	截取字符串中介于 start 和 end（不包括）之间的字符
substr(start,length)	从字符串中抽取从 start 下标开始的指定长度的字符
indexOf(strValue,start)	返回某个字符串在指定字符串中首次出现的位置，找不到返回−1
lastIndexOf(strValue,start)	从后向前搜索，返回某个字符串在指定字符串中首次出现的位置
charAt(index)	返回指定位置的字符
replace(regexp/substr, rstr)	将字符串中符合匹配条件的子串用其他字符串代替
split(separator)	根据指定的分隔符将一个字符串分割成字符串数组

关于字符串案例，示例代码如下：

```
<script type="text/javascript">
    var str = 'HelloWorld';

    // 1. 获取字符串的长度
    var len = str.length;
    console.log(len);

    // 2. substring(start,end) : 截取 , 包含 start, 不包含 end
    var r1 = str.substring(2, 6);
    console.log(r1);
```

```
    var r2 = str.substring(3); // 从第 3 位开始截取，截取到字符串的末尾
    console.log(r2);

    // 3. substr(start,length)，从 start 位置开始，截取指定的长度
    var r3 = str.substr(2, 3);
    console.log(r3);

    // 4. 判断 一个字符串是否在另外字符串中，如果不在则返回-1
    var r4 = str.indexOf('wo');
    console.log(r4);

    // 5. 判断一个字符串是否在另外一个字符串中
    var r5 = str.lastIndexOf('Wo');
    console.log(r5);

    // 6. 只会替换第一个字符，返回新的字符串
    var r6 = str.replace('o', 'A');
    console.log(r6);

    // 7. charAt()：获取指定位置的字符
    var r7 = str.charAt(2);
    console.log(r7);

    // 8. split()：以指定的字符进行分割字符串
    var str2 = 'Hello,Spring,Summer,Winter';
    var rs = str2.split(',');
    console.log(rs);
</script>
```

8.8.3 日期对象

在 JavaScript 中日期对象用 Date 构造函数表示，需要使用 new 关键字创建 Date 实例对象，默认返回当前系统的当前时间。日期对象的常用方法如表 8-2 所示。

⊡ 表 8-2　日期对象常用方法

方法	说明
getFullYear()	获取年
getMonth()	获取月，从 0 开始
getDate()	获取当天日期
getDay()	获取星期几
getHours()	获取小时
getMinutes()	获取分钟
getSeconds()	获取秒
getTime()	获取从 1970 年 1 月 1 日午夜以来的毫秒数
valueOf()	获取从 1970 年 1 月 1 日午夜以来的毫秒数

关于日期常用方法，示例代码如下：

```javascript
<script type="text/javascript">
    // 创建日期
    var date = new Date();
    // 获取年
    var year = date.getFullYear();
    // 获取月份( + 1)
    var month = date.getMonth() + 1;
    // 获取几号
    var d = date.getDate();
    // 获取小时
    var hours = date.getHours();
    // 获取分
    var minutes = date.getMinutes();
    // 获取秒
    var seconds = date.getSeconds();
    var result = year + '-' + month + '-' + d + ' ' + hours + ':' + minutes +
':' + seconds;
    console.log(result);
</script>
```

8.8.4 数组对象

实际上在第 5 章节中我们已经介绍了关于数组的基础知识，不过在本小节中我们将重点讲解数组作为内置对象的一些常用方法。数组对象的常用方法如表 8-3 所示。

表 8-3 数组对象常用方法

方法	说明
push(item1,item2,...)	向数组的末尾添加一个或多个元素，返回数组的新长度
unshift(item1,item2,...)	向数组的起始位置(头部)添加一个或多个元素，返回数组的新长度
pop()	删除数组的最后一个元素，返回删除的元素
shift()	删除数组的第一个元素，返回删除的第一个元素的值
indexOf(item,start)	从头到尾检索数组，返回数组中某个指定的元素位置，找不到则返回−1
lastIndexOf(item,start)	返回数组中某个指定的元素最后出现的位置，注：从尾到头检索数组
concat(array1,array2,...)	用于连接两个或多个数组，返回新数组，不会改变原数组
slice(start,end)	从指定 start 位置到 end 位置截取数组，返回新数组，不改变原数组
splice(index,howmany,...)	添加或删除数组中的元素，会改变原始数组
reverse()	用于颠倒数组中元素的顺序
sort(sortFunction)	通过指定一个函数参数对数组进行排序，函数用来指定升序还是降序
toString()	把数组转换为字符串，元素之间用逗号分隔
join(separator)	根据指定的分隔符把数组中的所有元素转换为一个字符串
includes(item,start)	从指定的 start 位置查找，判断一个数组是否包含一个指定的值
isArary()	静态方法，用于判断一个对象是否是一个数组
fill(value,start,end)	将一个固定值替换数组中从 start 开始到 end(不包括)结束的元素

在之前的学习中，我们介绍过使用 typeof 关键字可以判断一个数据的类型，但是 typeof 关键字只能判断区分出基本类型，即 number、string、boolean、undefined 和 object 这五种类型。对于 null、数组和对象如果使用 typeof 判断的话，都会统一返回 object 字符串，如果想知道一个变量是对象还是数组该怎么办呢?此时就需要使用到另外一个关键字 instanceof，该关键字其实是一个运算符，可以判断一个对象属于某种类型。比如要判断一个对象是否是一个数组就可以使用 instanceof 运算符。

对于数组类型的判断，在 JavaScript 中判断一个对象是否是一个数组有两种方式，一是使用 instanceof 运算符，二是使用 Array 的静态方法 isArray。但是不能使用 typeof 运算符去判断一个对象是否是一个数组。

```html
<script type="text/javascript">
  var arrs = [1, 2, 3];

    console.log(typeof arrs); // object
    console.log(arrs instanceof Array); // true
    console.log(Array.isArray(arrs)); // true
  </script>
```

下面通过代码示例的方式学习数组的常用方法。

● 添加元素

```html
<script type="text/javascript">
  var arrs = ['Hello', 'Spring'];

    // 向数组的末尾添加一个或多个元素，返回数组长度，会改变原数组
    var r1 = arrs.push('Summer', 'Winter', 'World');
    console.log(arrs);

    // 向数组头部添加一个或多个元素，返回数组长度，会改变原数组
    var r2 = arrs.unshift('小明', '小马', '小李');
    console.log(arrs);
</script>
```

● 删除元素

```html
<script type="text/javascript">
  var arrs = ['A', 'B', 'C', 'D', 'E'];

    // 末尾删除元素,返回值是被删除的元素,同时影响原数组
    var r1 = arrs.pop();
    console.log(arrs);

    // 头部删除,返回值是被删除的元素,同时影响原数组
    var r2 = arrs.shift();
    console.log(arrs);
</script>
```

还可以使用 splice 方法实现删除元素，该方法既可以添加元素，也可以删除元素。

```html
<script type="text/javascript">
```

```
    var arrs = ['A', 'B', 'C', 'D', 'E', 'F'];

    // 删除元素, 从第几个位置开始删, 删几个, 会影响原数组
    var r1 = arrs.splice(2, 3);
    console.log(r1);
    console.log(arrs);
</script>

<script type="text/javascript">
    var arrs = ['A', 'B', 'C', 'D'];

    // 添加元素，从指定下标为 2 的位置添加元素, 第二个参数为 0
    var r1 = arrs.splice(2, 0, 'E', 'F', 'G');
    console.log(r1);
    console.log(arrs);
</script>
```

- 判断一个元素是否在一个数组中

```
<script type="text/javascript">
    var arrs = ['A', 'B', 'C', 'D', 'A', 'B', 'C'];
    // 查找 B 元素在 arrs 数组中第一次出现的位置, 找不到则返回-1
    var index = arrs.indexOf('B');
    console.log(index);
    // 查找 B 元素在 arrs 数组中最后一次出现的位置, 找不到则返回-1
    var index2 = arrs.lastIndexOf('B');
    console.log(index2);
</script>
```

- 数组连接

```
<script type="text/javascript">
    var arrs1 = ['A', 'B', 'C', 'E'];
    var arrs2 = [1, 2, 3, 4];
    // 连接一个或多个数组, 返回新数组
    var result = arrs1.concat(arrs2);
    console.log(result);
</script>
```

- 数组的翻转和排序

```
<script type="text/javascript">
    var arrs1 = ['A', 'B', 'C', 'D', 'E'];
    // 数组翻转, 影响原数组
    arrs1.reverse();
    console.log(arrs1);

    var arrs2 = [1, 10, 3, 8, 23, 56, 18, 20, 2];
    // 数组排序, 需要传递一个函数指定升序还是降序
    arrs2.sort(function(a, b) {
        return a - b;
```

```
    });
    console.log(arrs2);
</script>
```

- 数组截取

```
<script type="text/javascript">
    var arrs = ['A', 'B', 'C', 'D', 'E', 'F', 'G'];

    // 从指定下标为2的位置截取至下标为5(不包含)的元素,不改变原数组
    var r1 = arrs.slice(2, 5);
    console.log(r1);
    console.log(arrs);
</script>
```

- 数组转换为字符串

```
<script type="text/javascript">
    var arrs = ['A', 'B', 'C', 'D', 'E', 'F', 'G'];

    // 将数组中的元素以","进行分隔拼接成一个字符串
    var r1 = arrs.toString();
    console.log(r1);

    // 以指定的"_"对数组中的元素进行拼接
    var r2 = arrs.join('_');
    console.log(r2);
</script>
```

- 判断一个数组中是否包含一个指定的值

```
<script type="text/javascript">
    var arrs = ['A', 'B', 'C', 'D', NaN];

    // 数组是否包含NaN
    var r1 = arrs.includes(NaN);
    console.log(r1);

    var r2 = arrs.indexOf(NaN);
    console.log(r2);
</script>
```

includes 方法用来判断一个数组是否包含指定的值,包含则返回 true,不包含则返回 false;同时该方法可以判断数组中是否包含 NaN。

indexOf 方法返回指定的值在数组中的第一个索引位置,指定的值如果不存在数组中则返回-1;该方法不能判断数组中是否包含 NaN。

- 替换数组中的元素

```
<script type="text/javascript">
    var arrs = ['A', 'B', 'C', 'D', 'E', 'F'];

    // 用指定的元素去替换数组中从开始位置到结束位置(不包括)之间的元素
```

```
    arrs.fill('Hello', 1, 5);
    console.log(arrs);
</script>
```

8.8.5 布尔对象

布尔对象即 Boolean 对象，其作用是将一个不是 Boolean 类型的值转换为 Boolean 类型值。Boolean 对象代表两个值："true"和"false"，布尔值在判断语句中常常使用。

创建布尔值：可以通过直接定义字面量 true 或 false 创建，也可以通过实例化 Boolean 对象创建。

```
<script type="text/javascript">
    var b1 = true;
    var b2 = new Boolean(true);
</script>
```

当然，如果只是单纯地想定义一个布尔值，直接使用字面量即可；new Boolean()方式去创建布尔值可以转换其他类型的值为布尔值。

```
<script type="text/javascript">
    var b1 = new Boolean(0);
    console.log(b1); //false
    var b2 = new Boolean(null);
    console.log(b2); //false
    var b3 = new Boolean(undefined);
    console.log(b3); //false
    var b4 = new Boolean("");
    console.log(b4); //false
    var b5 = new Boolean(NaN);
    console.log(b5); //false
    var b6 = new Boolean(false);
    console.log(b6); //false
</script>
```

如果在创建 Boolean 对象时，构造函数没有接收参数或者接收的参数为 0、null、空字符串、false、undefined 和 NaN 数据时，那么这个 Boolean 对象的值为 false，否则，其值为 true。

8.8.6 数字对象

数字对象即 Number 对象，它是原始数字的包装对象。Number 对象的属性和方法如表 8-4 所示。

▣ 表 8-4　Number 对象的常用属性和方法

属性和方法	说明
MAX_VALUE	静态属性，可表示最大的正数
MAX_SAFE_INTEGER	静态属性，ES6 新增，表示在 JavaScript 中最大的安全整数
MIN_VALUE	静态属性，可表示的最小的正数，最小负数用-MAX_VALUE 表示

属性和方法	说明
MIN_SAFE_INTEGER	静态属性，ES6 新增，表示在 JavaScript 中最小的安全整数
NEGATIVE_INFINITY	静态属性，负无穷大
POSITIVE_INFINITY	静态属性，正无穷大
NaN	静态属性，不是一个数字
toFixed(x)	方法，把数字四舍五入为指定小数位数的数字，返回一个字符串结果
isInteger()	方法，ES6 新增，用来判断给定的参数是否为整数
isSafeInteger()	方法，ES6 新增，用来判断给定的参数是否是一个"安全整数"

关于 Number 对象的静态属性和方法的使用，示例代码如下：

```html
<script type="text/javascript">
    // 最大正数
    console.log(Number.MAX_VALUE);
    // 最小负数
    console.log(-Number.MAX_VALUE);
    // 最小正数
    console.log(Number.MIN_VALUE);
    // 判断一个参数是否是一个整数
    console.log(Number.isInteger(123.3));
    // 保留小数点 2 位,会四舍五入
    var num = new Number(12.5613);
    console.log(num.toFixed(2));
</script>
```

8.9 正则表达式

8.9.1 说明

正则表达式其实是 JavaScript 的内置对象，之所以单独拿出来介绍，是因为正则表达式本身包含的内容很多，所以就另起一个小节单独介绍。

8.9.2 概述

正则表达式对象即 RegExp 对象，是一种用于描述字符串中字符组合模式的对象，可以对字符串模式进行匹配及检索替换，往往用于表单验证，比如手机号的验证、邮箱验证、用户名验证等，都必须要符合一定的模式（规则）。当然，正则表达式也可以用于过滤页面中的敏感词，或者从文本中提取所需要的内容。

了解了什么是正则表达式，也知道了正则表达式也是一个对象，下面来介绍正则表达式的使用。创建正则表达式对象有两种方式，一是字面量的方式，二是通过 RegExp 构造函数方式（两种写法）。

8.9.3　使用正则表达式

- 语法
  - 字面量方式: var reg = /表达式/修饰符
  - 字符串模式的构造函数方式：var reg = new RegExp(字符串,修饰符)
  - 带正则表达式的构造函数：var reg = new RegExp(/表达式/,修饰符)
- 说明
  - 修饰符是可选项，可以省略。
  - 对于"/表达式/"的写法，"表达式"不需要使用单引号包裹。
  - 对于正则表达式对象来说，有一个 test()方法，用于检测字符串是否符合该规则。
- 案例

```
<script type="text/javascript">
    // 创建正则表达式对象,两种方式都可以
    var reg1 = /qaz/;
    var reg2 = new RegExp(/qaz/);

    // 测试，只要包含 qaz 即可
    console.log(reg1.test('qaz'));
    console.log(reg2.test('qazq'));
    console.log(reg1.test('qa'));
</script>
```

像上面的案例中，只要字符串包含"qaz"即可，需要完整匹配"qaz"，这种用法属于正则表达式的简单模式。有时候需要匹配的不是那么精确，而是一个模糊的结果，一个范围搜索，此时就需要简单模式和一些特殊字符搭配使用来完成复杂的规则匹配，下面小节逐一介绍。

8.9.4　边界符

常用的边界符有两个，如表 8-5 所示。

◻ 表 8-5　常用边界符

字符	说明
^	匹配开始位置的字符
$	匹配结束位置的字符

关于边界符的使用，示例代码如下：

```
<script type="text/javascript">
    var reg = /^qaz/;
    // 必须以 qaz 字符串开头
    console.log(reg.test('qazq'));
    console.log(reg.test('qqaz'));
```

```
</script>

<script type="text/javascript">
    var reg = /qaz$/;
    // 必须以 qaz 字符串结尾, 注: 不是以 z 字符结尾
    console.log(reg.test('qqaz'));
    console.log(reg.test('qqazz'));

    // 精确匹配, 只能匹配 abc 字符串
    var reg2 = /^qaz$/;
    console.log(reg2.test('qaz'));
    console.log(reg2.test('qazqaz'));
</script>
```

8.9.5 范围

使用 "[]" 中括号表示范围, 如表 8-6 所示。

⊡ 表 8-6 范围

范围	举例	说明
[]	[abc]	匹配括号内的任意字符, 将匹配字符串中的 a、b、c
[-]	[a-z]	匹配括号中字符范围内的任意字符, 将匹配 a-z 任意字母
[^]	[^a-z]	表示取反, 匹配不包括方括号中的任何字符

关于范围特殊字符的使用, 示例代码如下:

```
<script type="text/javascript">
    var reg = /[qaz]/;
    // 只要包含 q 或者包含 a 或者包含 z 即可
    console.log(reg.test('abc'));
    console.log(reg.test('qqz'));

    // 表示范围, 只要包含 a-z 之间的任意一个小写字母即可
    var reg2 = /[a-z]/;
    console.log(reg2.test('A'));
    console.log(reg2.test('a!'));

    // 取反, 匹配除了 a-z 之间的小写字母的其他字符
    var reg3 = /[^a-z]/;
    console.log(reg3.test('A!'));
</script>
```

8.9.6 量词

在匹配字符时, 有时候需要指定要匹配的某个模式规则的数量, 就需要用到量词, 如表 8-7 所示。

表 8-7 量词

量词	举例	说明
*	a*	用于匹配 a 零次或多次
?	a?	用于匹配 a 零次或一次
+	a+	用于匹配 a 一次或多次
{n}	a{n}	用于匹配 a 为 n 次，n 是正整数
{n,}	a{n,}	用于匹配 a 至少 n 次，包括 n
{n,m}	a{n,m}	用于匹配 a 为 n 到 m 次

关于量词的使用，示例代码如下：

```javascript
<script type="text/javascript">
    // 匹配以 q 开头一次或者多次
    var reg = /^q+/;
    console.log(reg.test('q'));
    console.log(reg.test('qz'));
    console.log(reg.test('aqz'));

    // {4,6}  大于等于 4 并且小于等于 7
    var reg1 = /^q{4,6}$/;
    console.log(reg1.test('qqq'));
    console.log(reg1.test('qqqq'));
</script>
```

8.9.7 括号的使用

"[]" 表示匹配方括号中的任意字符；"{}" 表示对一个规则要匹配的次数。还有一个关于 "()" 小括号的用法，小括号内表示的是一个整体，一个完整的单元。为了更好地理解，请看下面的示例代码。

```javascript
<script type="text/javascript">
    // 只让 c 重复三次   abccc
    var reg = /^abc{3}$/;
    console.log(reg.test('abcabc'));
    console.log(reg.test('abccc'));
</script>

<script type="text/javascript">
    // 让 abc 重复三次
    var reg = /^(abc){3}$/;
    console.log(reg.test('abcabc'));
    console.log(reg.test('abccc'));
    console.log(reg.test('abcabcabc'));
</script>
```

8.9.8 元字符

元字符是具有特殊含义的字符，通过元字符可以简化一些模式的写法，如表 8-8 所示。

▫ 表 8-8 元字符

元字符	说明
.	匹配除换行符(\r、\n)之外的任何单个字符
\d	匹配一个数字，等同于[0-9]
\D	匹配一个非数字字符，等同于[^0-9]
\w	匹配字母、数字、下划线，等同于[A-Za-z0-9_]
\W	匹配非字母、数字、下划线以外的字符，等同于[^A-Za-z0-9_]
\s	匹配任何空白字符，包括空格、制表符、换行符等
\S	匹配非空格的字符，等同于[^\f\n\r\t\v]

关于元字符的使用，示例代码如下：

```
<script type="text/javascript">
    //  验证邮箱
    var reg = /^\w+((-\w+)|(\.\w+))*\@[A-Za-z0-9]+((\.|-)[A-Za-z0-9]+) *\.
[A-Za-z0-9]+$/;
    console.log(reg.test('abcabc@'));
    console.log(reg.test('abccc@qq.com'));
</script>
```

8.9.9 修饰符

使用修饰符可以增强正则表达式的模式，常用的有三个，分别是"g""i""gi"，"g"表示全局匹配；"i"表示不区分大小写；同时还可以混合使用，"gi"表示不区分大小写的全局匹配。示例代码如下：

```
<script type="text/javascript">
    var reg = /hello/i;
    console.log(reg.test('HelloWorld'));
</script>
```

8.9.10 字符串在正则表达式中的使用

在 JavaScript 中，正则表达式通常用于三个字符串方法：split()、replace()和 search()。

split()方法根据指定的分隔符或者正则表达式对字符串进行切割，得到的结果是一个字符串数组；replace()方法用于在字符串中用一些字符替换另一些字符，或者替换一个与正则表达式匹配的子串；search()用于查找字符串中指定的子字符串，或者查找与正则表达式相匹配的子字符串，并返回子字符串的起始位置。关于该三个方法，示例代码如下：

```
<script type="text/javascript">
    // split()方法
```

```
    var str1 = 'zhangsan11lisi22wangwu33zhaoliu';
    var reg1 = /\d+/
    console.log(str1.split(reg1));

    // replace()方法
    var str2 = "HelloWorld";
    console.log(str2.replace(/o/g, 'A'));

    // search()方法
    var str3 = 'HelloWorldSpring';
    console.log(str3.search(/world/i));
</script>
```

8.10 经典案例

8.10.1 统计每个字符的个数

需求：统计字符串"abcHdceabcobcahe"中每个字符出现的次数。

思路分析：首先定义一个没有任何属性的空对象，之后去循环遍历字符串，每循环一次拿到一个字符，以这个字符作为对象的属性，判断该对象身上是否有该属性，如果有该属性则统计加 1，如果对象没有该属性，则直接统计次数为 1。示例代码如下：

```
<script type="text/javascript">
    var str = 'abcHdceabcobcahe';

    var obj = {};

    for (var i = 0; i < str.length; i++) {
        var char = str[i];

        // 从 obj 对象身上去查找是否存在该属性
        if (obj[char]) {
            obj[char] = obj[char] + 1;
        } else {
            obj[char] = 1;
        }
    }
    console.log(obj);
</script>
```

8.10.2 随机点名

需求：给定一个包含人员信息的数组，["张三"，"李四"，"王五"，"赵六"]，实现随机点名。

思路分析：要实现随机，可以使用 Math 对象的 random()方法；从指定数组中随机挑选一个人，其实就是随机数组的下标，下标随机计算，从数组中获取人员也就实现随机了。示例代码如下：

```
<script type="text/javascript">
    var arrs = ['张三', '李四', '王五', '赵六'];

    // 获取随机数，随机数是数组范围内的某个下标
    var index = Math.floor(((arrs.length - 1 - 0 + 1) * Math.random())) + 0;
    var name = arrs[index];
    console.log(name);
</script>
```

8.10.3　倒计时

需求：给定一个日期为"2022-11-11 13:30:00"，计算当前时间距离指定时间的间隔。

思路分析：可以将给定的日期和当前日期的毫秒数计算出来并求出差值，根据得到的差值毫秒数再分别计算秒、分、小时、天等数据。示例代码如下：

```
<script type="text/javascript">
    function countdown(time) {
        var nowTime = new Date().getTime();
        var inputTime = new Date(time).getTime();
        var times = (inputTime - nowTime) / 1000; // 两个时间的毫秒数差值
        var day = parseInt(times / 60 / 60 / 24); // 天
        var hours = parseInt(times / 60 / 60 % 24); //时
        var minutes = parseInt(times / 60 % 60); // 分
        var seconds = parseInt(times % 60); // 当前的秒
        return day + '天' + hours + '时' + minutes + '分' + seconds + '秒';
    }
    console.log(countdown('2022-11-11 13:30:00'));
</script>
```

8.10.4　获取文件扩展名

需求：给定一个文件名"小花的日常.高兴.jpg"，得到该文件的扩展名".jpg"。

思路分析：一个文件名可能存在多个"."号，而要获取扩展名，需要找到最后一个"."号出现的位置，可以使用字符串对象身上的 lastIndexOf()方法，再利用 substring()方法做截取操作即可。示例代码如下：

```
<script type="text/javascript">
    var fileName = '小花的日常.高兴.jpg';

    // 1. 先找到最后的 "." 号 所在的位置
    var index = fileName.lastIndexOf('.');
```

```
    // 2. 截取
    var r1 = fileName.substring(index);
    console.log(r1);
</script>
```

8.10.5 对象转换为请求参数格式字符串

需求：给定一个对象{username: 'HelloWorld',age: 23, password: 666666}，将该对象转换为请求参数的格式，即"username=HelloWorld&age=23&password=666666"格式，定义一个函数实现该功能。

思路分析：可以定义一个数组，数组中的每个元素是形如"username=HelloWorld"的形式，即属性=属性值，对象中有多少个属性那么数组中就会有多少个形如这样的元素，此时就需要使用到遍历对象。最后使用数组对象中的join()方法实现对每个元素以"&"字符分隔即可。示例代码如下：

```
<script type="text/javascript">
    // 对象转换为请求参数格式
    function obj2params(obj) {
        var arrs = [];
        for (var key in obj) {
            arrs.push(key + '=' + obj[key]);
        }
        return arrs.join('&');
    }

    var userObj = {
        username: 'HelloWorld',
        age: 23,
        password: 666666
    };

    var result = obj2params(userObj);
    console.log(result);
</script>
```

8.10.6 扩展 Array 对象

需求：扩展数组 Array 对象方法，使每个数组（只考虑纯数字组成的数组）实例都具有最大值的功能。

思路分析：扩展内置对象的方法，可以将方法添加到该内置对象所对应的原型对象上。示例代码如下：

```
<script type="text/javascript">
    Array.prototype.getMax = function() {
```

```
        var max = this[0];
        for (var i = 1; i < this.length; i++) {
            if (max < this[i]) {
                max = this[i];
            }
        }
        return max;
    }

    var arrs1 = [1, 2, 3, 4, 5, 6, 8, 7];
    console.log(arrs1.getMax());
</script>
```

8.10.7　扩展 String 对象

需求：给定一个字符串，"HelloWorld"，实现去除字符串两端的空格。

思路分析：可以使用正则表达式匹配前后端空格。示例代码如下：

```
<script type="text/javascript">
    String.prototype.trim = function() {
        return this.replace(/^\s+|\s+$/g, "");
    }

    var str = ' HelloWorld ';
    console.log(str.length);
    console.log(str.trim().length);
</script>
```

8.10.8　计算长方形面积

需求：采用面向对象的方式去设计一个长方形的对象，实现求面积的功能。

思路分析：长方形的特征是有长和宽，也就是长方形对象身上有长和宽两个属性，同时还应该具备求面积的功能，可以定义在原型对象身上。示例代码如下：

```
<script type="text/javascript">
    // 定义长方形构造函数
    function Rectangle(long, wide) {
        this.long = long;
        this.wide = wide;
    }
    // 求面积
    Rectangle.prototype.getArea = function() {
        return this.long * this.wide;
    }

    var r1 = new Rectangle(10, 20);
```

```
    console.log(r1.getArea());
</script>
```

8.10.9 遍历对象

需求：给定一个对象，对该对象进行遍历，获取该对象身上的属性和对应的 value 值。

思路分析：要获取对象身上的所有属性，因为不确定有多少个属性，所以需要使用 for 循环遍历，在 JavaScript 中，可以通过 for...in 语句去遍历对象。示例代码如下：

```
<script type="text/javascript">
    var user = {
        username: 'HelloWorld',
        age: 23,
        address: '北京市'
    };

    // for...in 语句每遍历一次获取的是对象身上的 key
    for (var key in user) {
        console.log(key + ' = ' + user[key]);
    }
</script>
```

小结

本章介绍的是面向对象编程，在 JavaScript 编程语言中，一切皆对象。所谓的对象，就是现实生活中存在的一个个的个体，而每个个体都有各自的特征和行为。在编程语言中，特征称之为属性，行为称之为方法，接着介绍了创建对象的四种方式，而字面量方式和构造函数方式是开发中非常常用的两种方式。

通过构造函数的方式创建对象会存在方法重复定义的情况，造成内存空间浪费，所以引出了原型 prototype，而每一个构造函数都会有一个与之对应的原型对象，借助于原型的查找机制，可以把方法定义在原型对象身上，这样就解决了方法代码共享的问题。

随后介绍了原型继承，也就解释了为什么 JavaScript 对象的父对象是 Object，而原型链提供了访问某个对象身上属性和方法的查找机制，借助于原型，我们可以扩展 JavaScript 对象身上的功能。同时对关键字 this 也进行了深入探讨，这也是初学者最为迷惑的知识点之一，总之 this 指向的是当前对象（谁调用了 this，this 就指向谁）。同时介绍了四种方式实现继承，此部分作为 JavaScript 面向对象不好理解的技术点，还需要读者多加以琢磨和思考。

最后讲解了 JavaScript 常用的六种内置对象，通过内置对象方便程序开发。对于最后介绍的经典案例，还需要读者多加练习。

第9章
DOM操作

9.1 概述

DOM 全称叫文档对象模型（Document Object Model），是 W3C（万维网联盟）定义的访问 HTML 和 XML 文档的标准编程接口。

JavaScript 可以通过操作 DOM 接口（本质就是一系列的方法），从而实现对 HTML 文档操作，包括：

- 获取 HTML 元素及元素内容
- 改变 HTML 元素的属性
- 设置 HTML 元素的样式
- 动态创建和删除 HTML 元素
- 为 HTML 元素绑定、解绑事件

DOM 并不是一门编程语言，它是文档对象模型，此模型是独立于编程语言的。也就是说，JavaScript 可以操作 DOM，Java 语言也可以操作 DOM。由于本书讲解的是 JavaScript 编程语言，所以学习使用 JavaScript 编程语言来操作 DOM，其实操作 DOM 也是 JavaScript 的常见工作。

使用 JavaScript 操作 DOM 主要是三个方面，分别是 DOM Core（DOM 核心操作）、CSS-DOM（样式操作）和 HTML-DOM（针对 HTML 文档的 DOM 操作）。下面具体阐述不同的 DOM 所做的事情：

- DOM Core（核心 DOM）

是一套通用的标准接口，是针对任何结构化文档的标准模型，包括 HTML、XHTML 和 XML。对于 HTML 文档，DOM 定义了一套标准的针对 HTML 的操作方式；对于 XML 文档，DOM 定义了一套标准的针对 XML 的操作方式。同时要注意，DOM Core 并不专属于 JavaScript，python 也支持。

- CSS-DOM（样式 DOM）

主要是针对 CSS 样式的操作，可以获取和设置元素身上的各种样式属性，通过对元素设置不同的样式，可以让网页内容更加丰富，效果更加生动。

- HTML-DOM（HTML 文档的 DOM 操作）

专门针对 HTML 文档进行操作，有很多特有的 HTML-DOM 属性，比如要获取表单元素，可以通过"document.forms"来获取。但是要注意的是，要获取 DOM 模型中的元素对象和属性时，既可以使用 DOM Core，也可以使用 HTML DOM，但是使用 HTML DOM 语法会更加简洁。同时还需要注意的一点是，不管你使用 DOM Core 还是 HTML DOM，都需要注意浏览器的兼容性问题，一般更推荐使用 DOM Core 编程接口提供的方法和属性。

总之，DOM 是与特定的浏览器、编程语言、运行平台无关的一套标准规范编程接口，而我们学习 DOM，就是学习通过 DOM 接口去操作页面上的元素、内容、样式等。

9.2 DOM 节点

DOM 是文档对象模型，浏览器在执行时会根据 DOM 模型将结构化的文档（HTML 或者 XML）解析成一系列的节点对象，并且由这些节点构造成一个倒立的 DOM 树。如图 9-1 所示。

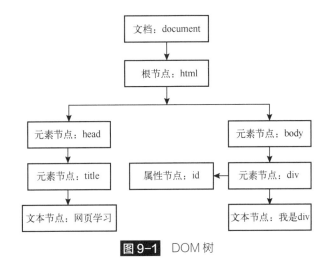

图 9-1 DOM 树

在 DOM 眼里，网页中的每一个部分都叫作节点，比如标签节点、属性节点、文本节点、注释节点等，在 DOM 中使用 Node 对象来表示，节点是构成网页最基本的组成部分。同时还要说明的是，标签节点有时候也称之为元素节点，说的是一个意思，不再加以区分。总结几点：

① 一个页面就是一个文档，在 DOM 中用 document 对象来表示；
② 页面中的所有标签都是元素，在 DOM 中使用 element 对象来表示；
③ 网页中的所有内容都是节点，在 DOM 中使用 node 对象来表示。

9.2.1 节点属性

刚才提到在 DOM 眼里，网页中的所有的内容都是 Node 节点，那么问题来了，网页中有标签节点、有属性节点、有文本节点，这些都是节点，在 DOM 中该如何区分呢？

其实对于任何节点（Node）对象，都有三个属性，分别是 nodeName（节点名称），nodeValue（节点值）和 nodeType（节点类型），不同的节点有不同的类型，节点的类型不同，属性和方法也不尽相同。关于不同的节点，其三个属性值如表 9-1 所示。

▣ 表 9-1 节点属性

节点类型	nodeType	nodeName	nodeValue
文档节点（Document）	9	#document	null
元素节点（Element）	1	标签名称	null
属性节点（Attr）	2	属性名称	属性值
文本节点（Text）	3	#text	文本内容
注释节点（Comment）	8	#comment	注释文本本身

9.2.2 文档节点

文档节点（Document）代表的是整个 HTML 网页文档，网页中的所有节点都是它的子节点。实际上，document 对象是 window 对象身上的一个属性，可以直接拿来使用。

文档对象是操作 HTML 文档中其他节点的入口，一切节点的操作都要基于文档对象来进行。

9.2.3 元素节点

元素节点（Element）代表的是 HTML 网页中的各种标签，同时，元素节点也是学习 DOM 最为常见的、使用频率最高的一个节点。

浏览器将 HTML 文档中所有的标签都转换为一个元素节点，通过 document 对象身上的一系列方法可以获取元素节点。

9.2.4 属性节点

属性节点（Attr）代表的是 HTML 标签中的一个一个的属性，属性节点是元素节点的一部分，所以可以通过元素节点去获取该元素身上的属性。

9.2.5 文本节点

文本节点（Text）代表的是标签以外的文本内容，文本节点往往是作为元素节点的子节点存在的。所以要获取文本节点，首先要获取元素节点，而元素节点的第一个子节点，就是文本节点。

9.3 获取元素及内容操作

我们要操作 HTML 网页中的内容、样式、结构，首先需要获取网页中的元素，方法如表 9-2 所示。

方法名	说明
document.getElementById(id)	根据 id 获取元素对象，返回单个值
document.getElementsByTagName(tagName)	根据标签名获取元素集合，返回值为数组
document.getElementsByClassName(className)	根据类名获取元素集合，返回值为数组
document. getElementsByName(name)	根据 name 名称获取元素集合，返回值为数组
document.querySelector(css 选择器)	根据指定的选择器返回第一个元素对象
document.querySelectorAll(css 选择器)	根据指定的选择器返回符合条件的元素集合

9.3.1　根据 id 获取元素

通过 document 对象身上的 getElementById 方法获取，返回的结果是一个对象。示例代码如下：

```
<body>
    <div id="app">HelloWorld</div>
    <script type="text/javascript">
        var divObj = document.getElementById('app');
        console.log(divObj);
    </script>
</body>
```

9.3.2　根据标签名获取元素

通过 document 对象身上的 getElementsByTagName 方法获取指定标签名的元素集合，返回的结果以数组的形式存储。示例代码如下：

```
<body>
    <div>虚竹</div>
    <div>段誉</div>
    <div>乔峰</div>
    <script type="text/javascript">
        //根据标签名获取一组标签
        var divObjs = document.getElementsByTagName('div');
        for (var i = 0; i < divObjs.length; i++) {
            console.log(divObjs[i]);
        }
    </script>
</body>
```

9.3.3　根据 name 获取元素

通过 document 对象身上的 getElementsByName 方法获取指定名称的元素集合，返回的结果以数组的形式存储。示例代码如下：

```
<body>
    唱歌: <input type="checkbox" name="hobby"></input>
    吃饭: <input type="checkbox" name="hobby"></input>
    睡觉: <input type="checkbox" name="hobby"></input>
    写代码: <input type="checkbox" name="hobby"></input>
    <script type="text/javascript">
        var inputObjs = document.getElementsByName('hobby');
        for (var i = 0; i < inputObjs.length; i++) {
            console.log(inputObjs[i]);
        }
    </script>
</body>
```

9.3.4 根据类名获取元素

通过 document 对象身上的 getElementsByClassName 方法获取指定类名的元素集合,返回的结果以数组的形式存储,同时需要注意的是,该方法是 HTML5 新增的方法,也是需要重点学习掌握的。示例代码如下:

```
<body>
    <div>虚竹</div>
    <div class="student">乔峰</div>
    <div class="student">段誉</div>
    <script type="text/javascript">
        var divObjs = document.getElementsByClassName('student');
        for (var i = 0; i < divObjs.length; i++) {
            console.log(divObjs[i]);
        }
    </script>
</body>
```

9.3.5 根据选择器获取元素

通过 document 对象身上的 querySelector 方法可以根据指定的选择器获取单个元素对象,通过 querySelectorAll 方法可以根据指定的选择器获取多个元素对象的集合。示例代码如下:

```
<body>
    <div id="app">Spring</div>

    <ul>
        <li>乔峰</li>
        <li>萧远山</li>
    </ul>

    <ol>
        <li>周芷若</li>
```

```
        <li>赵敏</li>
    </ol>
    <script type="text/javascript">
        var divObj = document.querySelector('#app');
        console.log(divObj);

        var liObjs = document.querySelectorAll('ol li');
        for (var i = 0; i < liObjs.length; i++) {
            console.log(liObjs[i]);
        }
    </script>
</body>
```

9.3.6 获取和设置元素内容操作

元素节点获取之后，接下来介绍如何去获取和设置元素的内容（也就是元素标签体的内容）。此时，需要使用节点对象身上的两个属性，一是 innerText，二是 innerHTML。

获取元素内容：

```
<body>
    <div id="app">
        <p>张三丰</p>
    </div>
    <script type="text/javascript">

        // 根据 id 获取 div 节点
        // innerText: 获取标签体内容,仅仅是文本,不包含标签
        // innerHTML: 获取标签体内容,包含标签+文本
        var divObj = document.getElementById('app');
        var content1 = divObj.innerText;
        console.log(content1);

        var content2 = divObj.innerHTML;
        console.log(content2);
    </script>
</body>
```

设置元素内容：

```
<body>
    <div id="app1"></div>
    <div id="app2"></div>
    <script type="text/javascript">
        // 根据 id 获取 div 节点
        // innerHTML: 设置标签体的内容,如果内容包含标签,浏览器会解析标签
        var divObj1 = document.getElementById('app1');
        divObj1.innerHTML = '<h1>虚竹</h1>';
```

```
        // innerText: 设置标签体的内容,如果内容包含标签,会把标签当作普通文本看待
        var divObj2 = document.getElementById('app2');
        divObj2.innerText = '<h1>虚竹</h1>';
    </script>
</body>
```

9.4 属性操作

本小节将介绍属性操作，这里的属性操作指的是对元素节点上的属性进行操作，包括内置属性的获取和设置，自定义属性的获取和设置，以及 H5 针对自定义属性的规范要求等。

9.4.1 事件属性

所谓事件就是当网页中的某些元素执行了某些操作之后会执行一段功能，触发某些代码的执行。比如有这样的需求：点击页面上的一个按钮，弹出信息提示框，显示"好好学习，天天向上"。把事件的概念用案例的形式翻译就是这样的：元素就是按钮，某些操作就是点击，触发某些代码的执行就是弹出信息提示框，显示"好好学习，天天向上"。那么该如何实现该需求呢？

此时就需要给这个元素去添加一个事件属性，比如点击的事件属性就是 onclick，本质就是一个属性，只不过这个属性的值是一个函数（因为函数可以去执行一段功能代码）。示例代码如下：

```
<body>
    <button>点击我</button>
    <script type="text/javascript">
        var btnObj = document.querySelector('button');

        // 为按钮元素节点添加 onclick 属性,值是一个函数
        btnObj.onclick = function() {
            alert('好好学习,天天向上');
        }
    </script>
</body>
```

说明：对于事件内容，在后续 9.7 节有详细的介绍，本小节只是初步了解事件的写法，理解即可。

9.4.2 获取内置属性

所谓内置属性，指的是元素天然就具有的属性，是元素本身自带的属性。比如元素的 id 属性、src 属性、title 属性等。内置属性的获取有两种方式，分别是：

① 元素对象.内置属性；

② 元素对象.getAttribute(属性)。

获取内置属性，示例代码如下：

```html
<body>
    <div id="app">Spring</div>
</body>
<script type="text/javascript">
    var divObj = document.querySelector('div');

    // 获取 id 的属性
    var value1 = divObj.id;
    console.log(value1);

    var value2 = divObj.getAttribute('id');
    console.log(value2);
</script>
```

9.4.3　设置内置属性

设置元素节点的内置属性有两种方式，分别是：

① 元素节点.属性 = 属性值；

② 元素节点.setAttribute(属性,属性值)。

设置内置的属性值，示例代码如下：

```html
<body>
    <div>Summer</div>
    <span>Spring</span>
    <script type="text/javascript">
        // 添加属性
        // >> 方式一
        var divObj = document.querySelector('div');
        divObj.id = 'mydiv';

        // 方式二
        var spanObj = document.querySelector('span');
        spanObj.setAttribute('id', 'myapp');
    </script>
</body>
```

说明：要想知道有没有正确为元素节点添加好属性，可以通过开发者工具审查元素去查看。

9.4.4　获取自定义属性

所谓自定义属性，是开发者给元素自己手动添加的属性，这些属性并不是元素天生就具有的，而是为了程序的需要去设置的。为元素添加自定属性的目的就是为了保存该元素节点的数据。要获取元素节点的自定义属性，只有一种方式，即"元素节点 getAttribute()"方式。

示例代码如下：

```
<body>
    <div name="Spring">Spring</div>

    <script type="text/javascript">
        var divObj = document.querySelector('div');

        // 获取 name 的属性
        var name = divObj.name;
        console.log(name); // undefined

        var name2 = divObj.getAttribute('name');
        console.log(name2); // Spring
    </script>
</body>
```

注意：对于自定义属性，通过"元素节点.自定义属性"方式是获取不到的。

9.4.5 设置自定义属性

要设置自定义属性，也只有通过一种方式，即"元素节点.setAttribute(属性,属性值)"方式。示例代码如下：

```
<body>
    <div>Summer</div>
    <span>Spring</span>
    <script type="text/javascript">
        // 添加属性
        // 直接为该节点对象添加属性方式不可行
        var divObj = document.querySelector('div');
        divObj.name = 'HelloWorld';

        // 设置自定义属性的正确写法
        var spanObj = document.querySelector('span');
        spanObj.setAttribute('name', 'HelloWorld-');
    </script>
</body>
```

注意：对于自定义属性的设置，通过"元素节点.自定义属性=属性值"方式是不可行的。通过开发者工具审查 HTML 元素即可看到效果。

9.4.6 H5 自定义属性的规范

在给元素节点添加自定义属性时，为了更好地区分该属性到底是自定义属性还是内置属性，避免产生歧义，H5 针对自定义属性提出了规范，即所有的自定义属性，都以"data-"开头。

设置自定义属性，需要使用"元素节点.setAttribute(属性,属性值)"方式，示例代码如下：

```
<body>
    <div>HelloWorld</div>
    <script type="text/javascript">
        var divObj = document.querySelector('div');

        divObj.setAttribute('data-name', 'HelloWorld');
    </script>
</body>
```

获取自定义属性有两种方式，分别是：

① 元素节点.getAttribute(属性)；

② 元素节点.dataset.属性，此种方式存在浏览器不支持的情况，要注意。

H5 获取自定义属性，具体示例代码如下：

```
<body>
    <div data-name="HelloWorld">HelloWorld</div>
    <script type="text/javascript">
        var divObj = document.querySelector('div');

        // 方式一：获取属性值
        var r1 = divObj.getAttribute('data-name');

        // 方式二：通过 dataset 方式
        var r2 = divObj.dataset.name;

        console.log(r1, r2);
    </script>
</body>
```

9.4.7 移除属性

当不需要元素节点的一些属性时可以把该属性删除，无论是自定义属性还是内置属性，都使用"元素节点.removeAttribute(属性名)"方式来删除，示例代码如下：

```
<body>
    <div id="summer" data-name="helloworld">Summer</div>
    <script type="text/javascript">
        var divObj = document.querySelector('div');

        //  删除内置属性
        divObj.removeAttribute('id');
        // 删除自定义属性
        divObj.removeAttribute('data-name');
    </script>
</body>
```

9.4.8　表单属性

在上面的小节中介绍的是普通元素节点的属性操作，还有一种元素节点的属性操作需要重点学习，即表单节点。表单节点要获取用户输入的信息，最为重要的属性就是"value"属性。关于表单属性的操作，示例代码如下：

```html
<body>
    用户名: <input type="text" name="username"></input> <br/>
    简介: <textarea></textarea> <br/>
    <button>获取表单控件的值</button>
    <script type="text/javascript">
        var btnObj = document.querySelector('button');
        btnObj.onclick = function() {
            // 获取用户名文本框的值
            var inputObj = document.querySelector('input[name=username]');
            console.log(inputObj.value);

            // 获取文本域的值
            var textAreaObj = document.querySelector('textarea');
            console.log(textAreaObj.value);
        }
    </script>
</body>
```

9.5　样式操作

DOM 操作的另一部分就是样式操作，即 CSS-DOM，可以通过 JavaScript 去改变元素的样式，比如宽高、颜色、边距等。样式操作有两种方式：一是通过"元素节点.style"方式，二是通过"元素节点.className"方式。

9.5.1　行内样式操作

通过"元素节点.style"方式修改元素的样式属于行内样式操作，也就意味着 CSS 权重更高，同时还需要注意，当需要使用中间带"-"的 CSS 属性时，需要使用驼峰法命名或者使用"[]"的方式（本质就是获取对象身上的属性的写法），示例代码如下：

```html
<body>
    <div>HelloWorld</div>
    <button>设置 div 的样式</button>
    <script type="text/javascript">
        var btnObj = document.querySelector('button');
        btnObj.onclick = function() {
            // 获取 div 节点
```

```
            var divObj = document.querySelector('div');
            // 设置样式
            divObj.style.color = 'red';
            // >> 驼峰法
            divObj.style.backgroundColor = 'gray';
            // >> [] 的方式,本质是获取对象身上的属性写法
            divObj.style['font-size'] = '60px';
            divObj.style.width = '400px';
            divObj.style.height = '400px';
        }
    </script>
</body>
```

说明：样式"background-color"属性，中间有一个"-"连接符，要设置该属性值时需要采用驼峰法命名，否则 JavaScript 会把连接符看作是运算符减号，这就不对了，应该看作是一个整体。同理，"font-size"属性也是如此。可以发现，用驼峰法命名和使用"[]"方式都是可以的。

9.5.2 类名样式操作

对于修改行内样式的写法，如果要修改多个样式，编写时很麻烦，此时可以选用通过类名的方式修改样式。

通过类名的方式修改样式，写法本身应该是"元素节点.class"，但是由于"class"是一个关键字，此时就需要使用"className"来操作元素的类名属性，示例代码如下：

```
<head>
    <style>
        .myStyle {
            width: 300px;
            height: 300px;
            background-color: bisque;
        }
    </style>
</head>
<body>
    <div>HelloWorld</div>
    <button>通过类名设置 div 的样式</button>
    <script type="text/javascript">
        var btnObj = document.querySelector('button');
        btnObj.onclick = function() {
            var divObj = document.querySelector('div');
            // 使用 className 来操作元素类名属性
            divObj.className = 'myStyle';
        }
    </script>
</body>
```

119

同时还需要注意,对于通过类名方式去修改元素样式,会把原来元素的 class 样式给覆盖,此时如果还需要保留原来的样式,那么在修改样式时还需要把原来的样式给附加上,示例代码如下:

```
<body>
    <div class="style1">HelloWorld</div>
    <button>设置div的样式</button>
    <script type="text/javascript">
        var btnObj = document.querySelector('button');
        btnObj.onclick = function() {
            var divObj = document.querySelector('div');
            // 设置样式为 style2
            // >> 原来的 class 样式会被覆盖
            // >> 如何保留原来的样式?在原来样式的基础上继续添加新的样式,样式之间空格隔开
            divObj.className = 'style1 style2';
        }
    </script>
</body>
```

9.6 节点操作

DOM 文档模型是一棵倒立的树状结构,文档中的每一部分都是节点,用 node 来表示。这些节点之间是存在层级关系的,比如 div 节点是 body 节点的子节点,同时 body 节点也是 div 节点的父节点,一个节点可能存在多个子节点,但是一个子节点只会存在一个直接的父节点,节点与节点之间还可能是平级关系,称为兄弟节点。在获取元素时可以根据节点的层级关系来获取,同时,我们也可以创建元素添加到一个父节点下,甚至还可以删除节点以及子节点。节点层级关系操作的常用方法如表 9-3 所示。

表 9-3 节点层级关系操作的常用方法

方法	说明
元素节点.parentNode	返回当前元素节点的父节点
元素节点.childNodes	返回当前元素节点所有的子节点数组(包含空白文本节点)
元素节点.children	返回当前元素节点所有的子元素集合(不含文本节点)
元素节点.firstChild	返回当前元素节点的第一个子节点(包含空白文本节点)
元素节点.firstElementChild	返回当前元素节点的第一个子元素(不包含空白文本节点)
元素节点.lastChild	返回当前元素的最后一个子节点(包含空白文本节点)
元素节点.lastElementChild	返回当前元素的最后一个子元素(不包含空白文本节点)
元素节点.previousSibling	返回当前元素节点紧邻之前的节点(包含空白文本节点)
元素节点.previousElementSibling	返回当前元素节点的前一个兄弟元素
元素节点.nextSibling	返回当前元素节点紧邻之后的节点(包含空白文本节点)
元素节点.nextElementSibling	返回当前元素节点的后一个兄弟元素
document.createElement()	创建指定的元素节点,动态创建元素
元素节点.appendChild()	将一个节点追加到当前元素节点的末尾成为子节点

JavaScript 快速入门与开发实战

方法	说明
元素节点.insertBefore()	将一个节点插入到当前元素节点的指定子节点前面
元素节点.removeChild()	将当前元素节点下的某个子节点删除
元素节点.remove()	将当前元素节点删除
元素节点.cloneNode()	对当前元素节点进行复制
document.createAttribute()	创建一个属性节点
元素节点. setAttributeNode()	为当前元素节点添加一个属性节点

9.6.1 获取父节点

通过"元素节点.parentNode"获取父节点，注意两点：一是返回的是直接父节点且只会有一个父节点，二是如果没有直接父节点，则返回 null。示例代码如下：

```
<body>
    <div>
        <a href="">百度一下,你就知道</a>
    </div>
    <script type="text/javascript">
        var aObj = document.querySelector('a');

        // 获取 超链接节点 的直接父节点
        var divObj = aObj.parentNode;
        console.log(divObj);
    </script>
</body>
```

9.6.2 获取子节点

方式一："通过元素节点.childNodes"返回当前元素节点下所有的子节点数组，会包含空白的文本节点。往往实际上并不需要获取空白的文本节点，所以使用该方式时需要特殊处理。示例代码如下：

```
<body>
    <ol>
        <li>周芷若</li>
        <li>张三丰</li>
        <li>虚竹</li>
    </ol>
    <button>获取 ol 节点下所有的 li 的内容</button>
    <script type="text/javascript">
        var btnObj = document.querySelector('button');
        btnObj.onclick = function() {
            var olObj = document.querySelector('ol');
            // 获取所有的子节点 li
```

```
                var childNodes = olObj.childNodes;
                for (var i = 0; i < childNodes.length; i++) {
                    // childNodes 把文本节点也作为了子节点,所以要根据节点类型进行判断
                    if (childNodes[i].nodeType === 1)  console.log(childNodes[i].
innerText);
                }
            }
        </script>
    </body>
```

方式二：通过"元素节点.children"返回当前元素节点下所有的子元素节点，只会返回子元素节点，同时该方式会存在浏览器不支持的情况。示例代码如下：

```
<body>
    <ol>
        <li>周芷若</li>
        <li>乔峰</li>
        <li>虚竹</li>
    </ol>
    <button>获取 ol 节点下所有的 li 节点</button>
    <script type="text/javascript">
        var btnObj = document.querySelector('button');
        btnObj.onclick = function() {
            var olObj = document.querySelector('ol');
            // 获取所有的 li, 只会获取所有的子元素节点，忽略文本节点
            var childNodes = olObj.children;
            console.log(childNodes);
        }
    </script>
</body>
```

9.6.3 获取兄弟节点

要说明的是，一个元素节点可能存在多个兄弟节点，在这里获取兄弟节点，并不是获取所有的兄弟节点，而是获取前一个和后一个兄弟节点。同时要注意，不同的获取方式可能得到的结果是不一样的，区别在于获取的兄弟节点是一个空白的文本节点还是元素节点。示例代码如下：

```
<body>
    <div>张三丰</div>
    <p>乔峰</p>
    <h1>虚竹</h1>
    <script type="text/javascript">
        var pObj = document.querySelector('p');

        // 获取紧邻 p 节点的前一个兄弟节点，是一个空白的文本节点
        console.log(pObj.previousSibling);

        // 获取紧邻 p 节点的前一个兄弟节点，是 div 元素节点
```

```
        console.log(pObj.previousElementSibling);
    </script>
</body>
```

同理，"nextSibling"和"nextElementSibling"获取的是下一个兄弟节点，区别在于一个返回的是空白的文本节点，一个返回的是下一个兄弟元素节点，可以自行尝试。

9.6.4 创建及添加节点

通过"document.createElement(标签名)"创建指定的元素节点，由于这些元素在文档中事先不存在，是事后创建的元素，所以也称之为动态创建元素节点。需要注意的是，通过该方法创建好节点之后，文档页面上并不会显示，只是在内存中创建好了而已，所以往往还需要结合"appendChild()"或者"insertBefore()"方法将创建好的节点添加到指定的元素节点中。示例代码如下：

```
<body>
    <ul>
        <li>张三</li>
    </ul>
    <script type="text/javascript">
        // 1. 获取 ul 元素节点
        var ulObj = document.querySelector("ul");

        // 2. 创建指定的 li 元素节点
        var liObj1 = document.createElement("li");
        liObj1.innerHTML = '李四';
        // 通过 appendChild 方法 追加到 ul 节点的末尾
        ulObj.appendChild(liObj1);

        // 3. 创建元素节点
        var liObj2 = document.createElement("li");
        liObj2.innerHTML = '王五';
        // 通过 insertBefore 方法添加 li 节点到 ul 节点的第一个子节点之前
        ulObj.insertBefore(liObj2, ulObj.children[0])
    </script>
</body>
```

9.6.5 删除节点

通过"元素节点.removeChild()"可以将当前元素节点下的某个子节点删除；通过"元素节点.remove()"可以将当前的元素节点删除，需要注意的是，在部分 IE 浏览器版本下该方法不支持。

关于删除节点操作，示例代码如下：

```
<body>
    <ul>
```

```
        <li>周芷若</li>
        <li>张三</li>
        <li>李四</li>
    </ul>
    <button id="one">删除 ul 下的第一个 li</button>
    <button id="two">删除 ul 下的最后一个 li</button>
    <script type="text/javascript">
        var ulObj = document.querySelector('ul');

        var btnObj1 = document.querySelector('#one');
        btnObj1.onclick = function() {
            // >> removeChild() 通过父节点删除某个具体的子节点
            ulObj.removeChild(ulObj.firstElementChild);
        }

        var btnObj2 = document.querySelector('#two');
        btnObj2.onclick = function() {
            // >> remove() 把当前节点删除
            ulObj.lastElementChild.remove();
        }
    </script>
</body>
```

9.6.6　复制节点

通过"元素节点.cloneNode()"可以复制当前节点，复制节点又叫克隆节点。该方法如果不接受参数或者参数为 false，则是浅复制，只会复制节点本身，并不会复制节点下的子节点；如果接受的参数为 true，则是深复制（后续章节会介绍），不仅把当前节点复制，还会一并把子节点也复制。示例代码如下：

```
<body>
    <div>
        <p>今天天气很晴朗</p>
    </div>
</body>
<script type="text/javascript">
    // 浅复制
    var divObj1Copy = document.querySelector('div').cloneNode();
    document.querySelector('body').appendChild(divObj1Copy);
</script>

<body>
    <div>
        <p>今天天气很晴朗</p>
    </div>
</body>
<script type="text/javascript">
```

```
    // 深复制
    var divObj2Copy = document.querySelector('div').cloneNode(true);
    document.querySelector('body').appendChild(divObj2Copy);
</script>
```

9.6.7 创建及设置属性节点

通过"document. createAttribute()"可以创建属性节点，进而为该属性赋值，需要注意的是，属性节点创建好之后，需要设置到具体的元素节点上。示例代码如下：

```
<body>
    <div>HelloWorld</div>
</body>
<script type="text/javascript">
    var divObj = document.querySelector('div');

    // 创建 username 属性
    var attr = document.createAttribute('username');
    // 为 username 属性设置值 HelloWorld
    attr.value = 'HelloWorld'

    // 为 div 元素节点设置属性节点
    divObj.setAttributeNode(attr);
</script>
```

9.7 DOM 事件

9.7.1 概述

JavaScript 编程语言的一个基本特征就是事件驱动。由于 JavaScript 通常和 HTML 文档交互，所以这里的事件驱动，简单来说就是当用户执行了某种操作导致页面上的某些元素产生了一些行为动作。用户的操作就是事件，JavaScript 程序对事件所导致的行为动作的处理就是事件处理。比如，用户点击按钮、移动鼠标、按下键盘等操作都称之为事件，事件处理中所涉及的程序称之为事件处理程序，而事件处理程序通常都是一个函数。

事件来说包含了三个要素：

① 事件源：在页面中产生事件的界面元素，比如一个按钮、一个 div 等。

② 事件类型：在界面元素上发生了什么事件，比如鼠标点击、键盘按下、鼠标移入移出等。

③ 事件处理程序：事件发生后要做什么事，往往是一段功能逻辑代码，通常是一个函数。

需要注意的是，不同的事件源可以有相同的事件类型，同一个事件源也可以有不同的事件类型。比如，div 元素和 button 元素都可以有鼠标点击事件，同样的，div 元素不仅仅可以有鼠标点击事件，还可以有鼠标移入移出事件。

给事件源绑定事件类型，同时编写触发该事件后所需要执行的事件处理程序，如此，一旦用户触发了该事件源的这个事件，浏览器就会自动调用事件处理程序进行处理。

Web 页面中任何元素都可以被用户操作进而触发不同的事件。常见的事件有鼠标事件、键盘事件、窗口事件、表单事件等，后续小节会陆续介绍。

9.7.2 注册事件

只有事先给元素添加了事件，并且编写了该事件对应的处理程序后，当用户触发该元素指定的事件时，才会执行该事件处理程序。给元素添加事件，叫作注册事件。注册事件有两种形式：一种是通过动态绑定事件的方式，另一种是通过事件监听注册的方式。

动态绑定事件方式：（元素对象.事件 = 事件处理程序）

```
<body>
    <button>点击我</button>
    <script type="text/javascript">
        var btnObj = document.querySelector('button');
        btnObj.onclick = function() {
            console.log('HelloWorld');
        }
    </script>
</body>
```

所谓动态绑定事件，就是通过"元素对象.on"的方式为元素添加的事件，这种方式的特点是对于同一个事件源、同一种事件类型只能有一个事件处理程序，如果有多个事件处理程序，那么最后注册的事件处理程序会覆盖前面注册的事件处理程序。示例代码如下：

```
<body>
    <button>点击我</button>
    <script type="text/javascript">
        var btnObj = document.querySelector('button');

        btnObj.onclick = function() {
            console.log('HelloWorld');
        }

        btnObj.onclick = function() {
            console.log('Spring');
        }
    </script>
</body>
```

对于上述程序，也可以这么去分析，为"btnObj"对象动态添加了"onclick"属性两次，并且赋值了两次，相当于后面的赋值把上一次的赋值给覆盖了，所以当点击按钮的时候，只会触发最后一次赋值的函数，即最后注册的事件处理程序执行了。

事件监听注册方式：（元素对象.addEventListener(事件类型,事件处理函数,布尔值)）

```
<body>
    <button>点击我</button>
</body>
<script type="text/javascript">
    var btnObj = document.querySelector('button');

    btnObj.addEventListener('click', function() {
        console.log('HelloWorld');
    });

    btnObj.addEventListener('click', function() {
        console.log('Spring');
    });
</script>
```

采用事件监听的方式注册事件，有几点需要说明：

① addEventListener()是元素节点对象身上的一个方法，需要接受三个参数，第一个参数是事件类型，要注意不能加"on"，第二个参数是事件处理程序，通常是一个匿名函数，第三个参数是一个布尔值，该参数可选，如果不传递或者值是 false 则是事件冒泡阶段（默认），参数值为 true 则是事件捕获阶段，后续章节会详细介绍该参数；

② 同一个事件源、同一个事件类型，可以有多个事件处理程序；

③ 事件处理程序的执行按照注册的先后顺序执行；

④ addEventListener()方法目前已经被绝大部分的浏览器所支持，可以放心使用。

9.7.3 删除事件

所谓的删除事件，也叫解绑事件、移除事件，表示的含义是将指定的事件从对应的事件源中移除，由于注册事件有两种方式，所以删除事件也就存在两种方式，说明如下：

① 如果采取的是动态绑定事件的方式，那么移除事件语法就是"元素对象.事件=null"；

② 如果采取的是事件监听注册的方式，那么移除事件语法就是"元素对象.removeEventListener()"。

动态绑定方式移除事件：

```
<body>
    <button id="one">按钮 1</button>
    <button id="two">按钮 2</button>
</body>
<script type="text/javascript">
    // 为按钮 1 绑定点击事件
    var btnObj1 = document.querySelector('#one');
    btnObj1.onclick = function() {
        console.log('按钮 1 的点击事件');
    }
```

```
    // 为按钮 2 绑定点击事件, 目的是把按钮 1 的点击事件删除
    var btnObj2 = document.querySelector('#two');
    btnObj2.onclick = function() {
        // 把按钮 1 的点击事件删除
        btnObj1.onclick = null;
    }
</script>
```

分析上述程序, 相当于将 "btnObj1" 元素节点对象的 "onclick" 属性重新赋值为了 "null", 所以在点击按钮 1 时, 不会再产生任何行为了。

事件监听注册方式移除事件:

需要注意的是, 由于通过事件监听的方式注册事件, 对于同一个事件源可以有多个事件处理程序, 所以在删除事件时, 必须要明确指定要删除的是哪种事件类型的哪一个事件处理程序, 所以在注册事件时, 就不能使用匿名的函数方式去实现事件处理程序了, 必须要给每一个事件处理程序起一个函数名字。示例代码如下:

```
<body>
    <button id="one">按钮 1</button>
    <button id="two">按钮 2</button>
</body>
<script type="text/javascript">
    function fn1() {
        console.log('按钮 1 被点击了.......');
    }

    function fn2() {
        console.log('按钮 1 被点击了******');
    }

    // 为按钮 1 绑定点击事件,  事件处理程序分别是 fn1 和 fn2
    var btnObj1 = document.querySelector('#one');
    btnObj1.addEventListener('click', fn1);
    btnObj1.addEventListener('click', fn2);

    // 为按钮 2 绑定点击事件, 作用是把按钮 1 的点击事件的 fn1 事件处理程序删除
    var btnObj2 = document.querySelector('#two');
    btnObj2.onclick = function() {
        btnObj1.removeEventListener('click', fn1);
    }
</script>
```

9.7.4 事件流

所谓的事件流, 含义是指页面中接收事件的顺序, 是对事件执行过程的描述。当事件发生时, 事件会在元素节点与根节点之间按照特定的顺序传播, 传播的路径所经过的节点都会接收到该事件, 这个传播过程就叫作 DOM 事件流, 而事件流只会在父子节点具有相同的事

件类型时才会有影响。

事件传播的顺序对应了浏览器的事件流模型，有两种，分别是：

① 捕获事件模型：从父节点到子节点的传播过程，如图9-2所示。

② 冒泡事件模型：从子节点到父节点的传播过程，如图9-3所示。

捕获事件模型（以页面上为div注册的点击事件为例）：

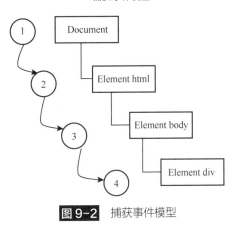

图9-2 捕获事件模型

对于捕获事件模型来说，"div"元素的click事件的传播顺序为："document > html > body > div"。总结下来就是由DOM树的文档节点开始，到根节点，逐级向下一层一层地传播，直到具体的元素接收为止。

冒泡事件模型（以页面上为div注册的点击事件为例）：

冒泡事件模型与捕获事件模型的传播顺序恰好相反，最先由具体的元素接收，然后逐级向上一层一层地传播，最后到DOM树的最顶层节点（document节点）。

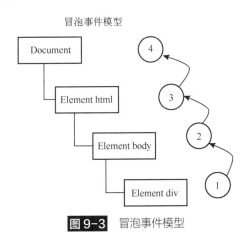

图9-3 冒泡事件模型

对于冒泡事件模型来说，"div"元素的click事件的传播顺序为："div > body > html > document"。

介绍了什么是事件流，下面介绍DOM标准事件流，在DOM中，采用的是"捕获+冒泡"。这两种事件流都会触发DOM的所有节点对象，从document节点对象开始，同时也在document对象结束。

第9章 DOM 操作

129

DOM 标准规定事件流包括了三个阶段，分别是：

① 事件捕获阶段：实际目标"div"在捕获阶段不会接收事件，事件从"document"到"html"再到"body"结束。

② 处于当前目标阶段：事件在实际目标"div"上被处理，实际上事件处理会被看作成冒泡阶段的一部分。

③ 事件冒泡阶段：事件在实际目标发生后，逐层向上沿着节点传递，最终至"document"节点。

DOM 标准事件流的三个阶段，如图 9-4 所示。

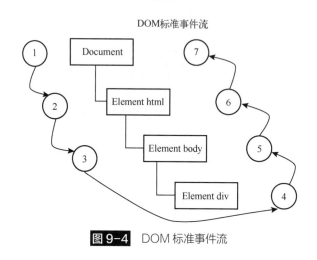

图9-4 DOM 标准事件流

关于 JavaScript 对于事件冒泡的详细做法，示例代码如下：

```
<body>
    <div id="one">
        <div id="two">
            <div id="three"></div>
        </div>
    </div>
</body>
<script type="text/javascript">
    var divObj1 = document.querySelector('#one');
    divObj1.addEventListener('click', function() {
        alert('one');
    });

    var divObj2 = document.querySelector('#two');
    divObj2.addEventListener('click', function(event) {
        alert('two');
    });

    var divObj3 = document.querySelector('#three');
    divObj3.addEventListener('click', function(event) {
        alert('three');
    })
</script>
```

JavaScript 快速入门与开发实战

关于 JavaScript 对于事件捕获的详细做法，示例代码如下：

```
<body>
    <!-- 节省篇幅，div 结构不再编写 -->
</body>
<script type="text/javascript">
    var divObj1 = document.querySelector('#one');
    divObj1.addEventListener('click', function() {
        alert('one');
    }, true);

    var divObj2 = document.querySelector('#two');
    divObj2.addEventListener('click', function(event) {
        alert('two');
    }, true);
</script>
```

关于 HTML 标准流事件模型，有几点需要注意：

① JavaScript 程序代码只能执行捕获阶段或者冒泡阶段中的某一个阶段；

② 动态绑定事件的方式只能得到冒泡阶段；

③ 捕获事件模型在实际开发中很少使用，冒泡事件模型才是重点；

④ 并不是所有的事件都有冒泡行为，例如 onfocus、onblur 便没有；

⑤ 冒泡事件模型的存在有利有弊，在某些场景下会非常有用；

⑥ 对于通过事件监听注册事件来说，addEventListener 方法接收三个参数，其中第三个参数如果是 true，则表示采用捕获事件模型，如果是 false（或者不指定参数），则表示采用冒泡事件模型，默认采用冒泡事件模型。

9.7.5 事件对象

事件对象用来记录事件发生时的相关信息，代表了事件的状态。由于 JavaScript 是面向对象的编程语言，一切皆对象，所以这些状态信息理应有一个对象来表示，这个对象就是"event"。

关于事件对象需要注意以下四点：

① 只有当事件发生的时候，才会产生事件对象，不需要开发者创建，并且事件对象也只能在事件处理程序内部产生并可以访问，事件处理函数执行完毕之后，事件对象自动销毁；

② 事件对象的访问存在浏览器兼容性问题，对于目前主流的浏览器来说，只需要在事件处理函数的形参中定义 event 参数即可；在早期的 IE 系列的浏览器中，需要通过"window.event"去获取；

③ 要获取 event 对象，解决浏览器兼容性问题，通常写法是"event = event || window.event"；

④ 事件对象是浏览器创建的。

关于获取事件对象"event"，示例代码如下：

```
<body>
    <div>今天天气很不错</div>
</body>
<script type="text/javascript">
```

```javascript
    // 获取div
    var divObj = document.querySelector('div');

    // 传统方式绑定事件
    divObj.onclick = function(event) {
        event = event || window.event; // 兼容性的写法
        console.log(event);
    }

    // 方法监听方式绑定事件
    divObj.addEventListener('click', function(event) {
        console.log(event);
    });
</script>
```

9.7.6　阻止事件冒泡

事件发生时，有时候明明不想触发某些元素的执行，但是由于事件冒泡的性质，导致不需要触发的元素节点触发了，所以一般来说，事件冒泡是需要阻止的，使用"event.stopPropagation()"实现。同时还要说明的一点是，阻止事件冒泡还可以使用"event.cancelBubble"属性来实现，只不过这种方式是早期 IE 版本的浏览器中使用的，就不再详细介绍了。关于阻止事件冒泡，示例代码如下：

```html
<body>
    <div id="one">
        <div id="two"></div>
    </div>
</body>
<script type="text/javascript">
    var divObj1 = document.querySelector('#one');
    divObj1.addEventListener('click', function() {
        alert('one');
    });

    var divObj2 = document.querySelector('#two');
    divObj2.addEventListener('click', function(event) {
        alert('two');
        // >> 阻止冒泡
        event.stopPropagation();
    });
</script>
```

9.7.7　阻止事件默认行为

对于一些元素来说，都会具有一些默认的行为，比如超链接的默认行为就是跳转，表单的"submit"按钮默认行为就是提交表单，这些默认行为在某些时候需要取消或者屏蔽掉，比如超链接不跳转、表单不提交等。要阻止事件默认行为，需要使用"event. preventDefault()"实现。还要说明的一点是，通过使用"event.returnValue"属性也可以阻止事件默认行为，在早期 IE 版本的浏览器中使用，在此就不再详细介绍了，下面介绍常见的事件默认行为的阻止办法。

阻止超链接的默认行为，有三种方式：

① 设置超链接的"href"属性值为"javascript:void(0)"；

② 通过"event.preventDefault()"方式；

③ 通过"return false"方式，要注意的是，此种方式仅对于动态绑定事件生效，对事件监听注册事件方式不起效果。

关于阻止超链接的默认行为，示例代码如下：

```
<body>
    <a href="https://www.baidu.com">百度一下,你就知道</a>
</body>
<script type="text/javascript">
    var aObj = document.querySelector('a');
    aObj.addEventListener('click', function(event) {
        alert('点击了超链接');
        // 阻止事件默认行为
        event.preventDefault();
    });
</script>

<body>
    <a href="https://www.baidu.com">百度一下,你就知道</a>
</body>
<script type="text/javascript">
    var aObj = document.querySelector('a');
    aObj.onclick = function() {
        alert('点击了超链接.');
        return false;  // 该方式只适合动态绑定事件方式
    }
</script>

<body>
    <a href="javascript:void(0);">百度一下,你就知道</a>
</body>
```

阻止表单的默认行为，有四种写法：

① 通过事件监听的方式为"submit"按钮注册点击事件，使用"event.preventDefault()"方式；

② 通过动态绑定事件的方式为"submit"按钮注册点击事件，使用"return false"方式；

③ 通过事件监听的方式为表单注册"submit"提交事件，使用"event.preventDefault()"方式；

④ 通过动态绑定事件的方式为表单注册"submit"提交事件，使用"return false"方式。

总结一点：对于阻止表单默认行为，不管使用哪种方式，"event.preventDefault()"都是通用的方式，"return false"方式只适用于动态绑定事件的方式。

关于阻止表单的默认行为，示例代码如下：

```html
<body>
    <form action="https://www.baidu.com">
        用户名: <input type="text" /> <br/>
        <input type="submit" value="提交">
    </form>
</body>
<script type="text/javascript">
    var btnObj = document.querySelector('input[type=submit]');
    btnObj.addEventListener('click', function(event) {
        alert('提交了表单');
        event.preventDefault();
    });
</script>

<body>
    <form action="https://www.baidu.com">
        用户名: <input type="text" /> <br/>
        <input type="submit" value="提交">
    </form>
</body>
<script type="text/javascript">
    var btnObj = document.querySelector('input[type=submit]');
    btnObj.onclick = function() {
        alert('提交了表单');
        return false;
    }
</script>
```

通过为表单注册"submit"事件去实现阻止表单提交行为，可以参考上例代码自行尝试。

9.7.8 事件委派

事件委派，也叫事件代理、事件委托，所谓的事件委派，是指将事件统一注册到子元素共同的父元素（或是祖先元素）上，这样在子元素上触发事件时，利用事件冒泡机制，事件会传播到父元素（或祖先元素），从而通过父元素（或祖先元素）去执行事件所对应的处理程序。

事件委派的原理是利用了事件冒泡机制，通过委派可以减少给元素绑定事件的次数，提高程序的效率。

首先看一个需求：页面上有三个"li"节点，点击每个"li"在控制台输出标签体内容。

不使用事件委派：

```html
<body>
    <ul>
        <li>张三</li>
        <li>李四</li>
```

```
        <li>王五</li>
    </ul>
</body>
<script type="text/javascript">
    var liObjs = document.querySelectorAll('li');
    for (var i = 0; i < liObjs.length; i++) {
        // >> 循环遍历每个 li 去绑定点击事件
        liObjs[i].addEventListener('click', function() {
            var content = this.innerText;
            console.log(content);
        });
    }
</script>
```

使用事件委派：

```
<body>
    <ul>
        <li>张三</li>
        <li>李四</li>
        <li>王五</li>
    </ul>
</body>
<script type="text/javascript">
    var ulObj = document.querySelector('ul');
    // 给父元素绑定点击事件,利用事件冒泡机制
    ulObj.addEventListener('click', function(event) {
        // event.target 获取的是谁触发了这个事件，是 li 节点触发了
        // 注意此处不能使用 this，否则 this 指向的是 ul
        // event.target: 哪个元素触发了事件; this: 哪个元素绑定了事件
        var content = event.target.innerText;
        console.log(content);
    });
</script>
```

事件委派的好处总结：

① 原本应该是在子元素上绑定事件执行相应的功能，而利用了事件冒泡，把事件绑定在了父元素上，而且只需要绑定一次即可，这样就提高了性能。可以试想如果有一百个"li"节点，不利用事件冒泡就需要绑定一百次，这无疑降低了程序的执行效率；

② 对于动态生成的元素节点，即便元素是事后添加的，使用动态绑定事件和事件监听都不能为这样的元素注册事件，必须使用事件委派；

③ 还需要注意：在事件委派中事件处理程序使用"event.target"来获取触发事件的元素，它不同于以往在事件处理程序中使用的"this"，"this"表示的是哪个元素绑定了事件。

9.7.9 窗口事件

由窗口 window 节点对象触发的事件，常用的窗口事件如表 9-4 所示。

事件	说明
onload	当整个文档加载完毕之后触发，包括图片、css 文件等资源
DOMContentLoaded	DOM 加载完成就触发，不必等待图片、css 文件等资源加载完毕
onresize	当窗口大小发生改变的时候触发

● 【案例 9-1】

当整个文档加载完毕，在控制台输出节点内容。

```
<script type="text/javascript">
    window.onload = function() {
        var divObj = document.querySelector('div');
        console.log(divObj.innerText);
    }
</script>


<body>
    <div>HelloWorld</div>
</body>
```

分析：可以回想之前在写 JavaScript 程序过程中，都是"<script>"脚本代码写在了"<body>"标签体之后，这是因为 JavaScript 代码是从上往下依次执行的，如果不这样编写代码，那么程序在执行过程中还没有加载"div"节点，就要获取该节点了，很明显是获取不到的。而此时，把获取"div"节点的操作定义在了"onload"事件处理程序中，这样就确保了程序在获取节点的时候，文档已经加载完毕，"div"节点已经在内存中存在了，所以可以将"<script>"脚本代码写在"<body>"标签之上了。

● 【案例 9-2】

改变浏览器窗口大小，当窗口的宽度小于"1000px"时，将"div"隐藏。

```
<body>
    <div>HelloWorld</div>
</body>
<script type="text/javascript">
    var divObj = document.querySelector('div');
    window.onresize = function() {
        // 当前屏幕宽度 小于 1000
        if (window.innerWidth < 1000) {
            divObj.style.display = 'none';
        }
    }
</script>
```

补充：对于"DOMContentLoaded"事件必须通过事件监听的方式注册到"window"对象上。

9.7.10 鼠标事件

鼠标事件是当用户在文档上移动或单击鼠标时而产生的事件，常用的鼠标事件如表 9-5 所示。

事件	说明
onclick	当点击鼠标时触发
onmousemove	当鼠标指针移动时触发
onmouseover	当鼠标指针移入元素时触发，会产生事件冒泡
onmouseout	当鼠标指针移出元素时触发，会产生事件冒泡
onmouseenter	当鼠标指针移入元素时触发，不会产生事件冒泡
onmouseleave	当鼠标指针移出元素时触发，不会产生事件冒泡
onmousedown	当鼠标按下时触发
onmouseup	当鼠标弹起时触发
contextmenu	禁用右键菜单，通常用于自定义右键菜单效果，否则会弹出默认菜单
selectstart	当鼠标开始选择文字时触发

鼠标事件，还有诸如"onmousewheel""onscroll"等事件，在这里就不再展开叙述了。对于表格中提到的其他事件，大家可以自行尝试练习，下面介绍"contextmenu"和"selectstart"事件，请看下面案例。

- 【案例 9-3】

自定义右键菜单，在文档中鼠标右击，展示一个无序列表。

```
<head>
    <style>
        ul {
            list-style: none;
            position: absolute;
            width: 80px;
            display: none;
        }
    </style>
</head>
<body>
    <ul>
        <li>HTML</li>
        <li>CSS</li>
    </ul>
    <script type="text/javascript">
        var ulObj = document.querySelector('ul');
        document.addEventListener('contextmenu', function(event) {
            // 1. 首先禁用右键菜单,阻止默认行为
            event.preventDefault();
            // 2. 展示自定义菜单
            ulObj.style.left = event.pageX + 'px';
            ulObj.style.top = event.pageY + 'px';
            ulObj.style.display = 'block'
        });
    </script>
</body>
```

- 【案例 9-4】

对于文档中的文字，禁止鼠标选中。

```
<body>
    <h1>今天天气很晴朗,处处好风光</h1>
    <script type="text/javascript">
        // 禁止选中文字 selectstart
        document.addEventListener('selectstart', function(event) {
            event.preventDefault();
        })
    </script>
</body>
```

9.7.11 键盘事件

键盘事件是通过键盘触发的事件,键盘事件通常和文本输入框搭配,常用的键盘事件如表 9-6 所示。

▫ 表 9-6　常用的键盘事件

事件	说明
onkeydown	当按下键盘按键时触发
onkeyup	当松开键盘按键时触发
onkeypress	当键盘按下可打印的字符时触发(shift、alt、ctrl 等键不触发)

● 【案例 9-5】

一边在文本框中输入内容,一边将文本框中的内容显示到页面上。

```
<body>
    <div></div>
    <input type="text"></input>
    <script type="text/javascript">
        var inpuObj = document.querySelector('input');
        // 当松开键盘按键时将文本框中的内容显示到页面上
        inpuObj.addEventListener('keyup', function(event) {
            var content = event.target.value;
            document.querySelector('div').innerText = content;
        })
    </script>
</body>
```

● 【案例 9-6】

判断用户在键盘上按下的是否是字符“b”键,如果是则输出“是”,否则输出“否”。

```
<body>
    <script type="text/javascript">
        document.addEventListener('keydown', function(event) {
            if (event.keyCode === 66) {
                alert('是');
            } else {
                alert('否');
            }
```

```
    });
    </script>
</body>
```

9.7.12 表单事件

表单事件在 HTML 表单（往往是表单控件）中触发，常用的表单事件如表 9-7 所示。

▣ 表 9-7 常用的表单事件

事件	说明
onblur	当元素失去焦点时触发
onfocus	当元素获取焦点时触发
onchange	当元素值发生改变时触发
oninput	当元素获得用户输入时触发
onsubmit	当提交表单时触发

- 【案例 9-7】

当文本框获取焦点，文本框背景为红色，当文本框失去焦点，文本框背景为蓝色。

```
<body>
    用户名: <input type="text" />
    <script type="text/javascript">
        var inputObj = document.querySelector('input');
        inputObj.onfocus = function() {
            this.style.backgroundColor = 'red';
        }
        inputObj.onblur = function() {
            this.style.backgroundColor = 'blue';
        }
    </script>
</body>
```

- 【案例 9-8】

当用户在文本框中输入内容时，将输入的内容在页面上同步显示。

```
<body>
    <div></div>
    用户名: <input type="text" />
    <script type="text/javascript">
        var inputObj = document.querySelector('input');
        inputObj.oninput = function() {
            document.querySelector('div').innerText = this.value;
        }
    </script>
</body>
```

- 【案例 9-9】

当下拉选择框的值切换时，在控制台输出切换后的值。

```
<body>
    <select>
        <option value="北京市">北京市</option>
        <option value="郑州市">郑州市</option>
        <option value="天津市">天津市</option>
    </select>
    <script type="text/javascript">
        var selectObj = document.querySelector('select');
        selectObj.onchange = function() {
            console.log(this.value);
        }
    </script>
</body>
```

9.8 经典案例

9.8.1 简易版新闻评论

需求：用户在文本域中输入评论内容，点击"评论"按钮，将发表的评论追加到"ul"
节点中。示例代码如下：

```
<body>
    新闻评论: <textarea cols="80" rows="10"></textarea> <br/>
    <ul></ul>
    <button>评论</button>
</body>
<script type="text/javascript">
    var btnObj = document.querySelector('button');
    btnObj.onclick = function() {
        // 1. 获取 textarea 的内容
        var content = document.querySelector('textarea').value;
        // 2. 创建 li 节点
        var liObj = document.createElement('li');
        // 3. 为 li 节点设置内容(textarea 的内容)
        liObj.innerText = content;
        // 4. 获取 ul 节点
        var ulObj = document.querySelector('ul');
        // 5. 将 li 节点添加到 ul 节点中
        ulObj.appendChild(liObj);
    }
</script>
```

9.8.2 简易版新闻评论升级版

需求：在 9.8.1 小节中案例实现的基础之上，实现节点的删除操作。例如，添加一条评论之后，在对应的评论后面提供删除超链接，以实现对该评论的删除。示例代码如下：

```
<body>
    新闻评论: <textarea cols="80" rows="10"></textarea> <br/>
    <ul></ul>
    <button>评论</button>
</body>
<script type="text/javascript">
    var btnObj = document.querySelector('button');
    btnObj.onclick = function() {
        // 1. 获取 textarea 的内容
        var content = document.querySelector('textarea').value;
        // 2. 创建 li 节点
        var liObj = document.createElement('li');
        // 3. 为 li 节点设置内容(textarea 的内容)
        liObj.innerText = content + ' ';

        // 4. 创建删除超链接节点并绑定点击事件
        var aObj = document.createElement('a');
        aObj.setAttribute('href', '#');
        aObj.innerText = '删除';
        aObj.onclick = function(event) {
            // 阻止默认行为
            event.preventDefault();
            // 删除超链接对应的评论
            this.parentNode.parentNode.removeChild(this.parentNode);
        };
        liObj.appendChild(aObj);
        // 5. 获取 ul 节点
        var ulObj = document.querySelector('ul');
        // 6. 将 li 节点添加到 ul 节点中
        ulObj.appendChild(liObj);
    }
</script>
```

思路关键点分析：每点击评论按钮，发表评论，在创建 li 节点的同时，直接创建与 li 节点对应的删除超链接节点，同时为删除超链接节点绑定点击事件，当点击删除超链接时触发点击事件，还要去阻止超链接默认的行为。

针对上述案例，深入思考分析，还有没有一种更为简单的方式呢？答案是有的，示例代码如下：

```
<body>
    新闻评论: <textarea cols="80" rows="10"></textarea> <br/>
    <ul></ul>
        <button>评论</button>
</body>
<script type="text/javascript">
    var btnObj = document.querySelector('button');
    btnObj.onclick = function() {
        // 1. 获取 textarea 的内容
```

141

```
    var content = document.querySelector('textarea').value;
    // 2. 创建 li 节点
    var liObj = document.createElement('li');
    // 3. 为 li 节点设置内容(textarea 的内容)
    liObj.innerHTML = content + ' ' + '<a href="javascript:void(0)">删除</a>';
    // 4. 获取 ul 节点
    var ulObj = document.querySelector('ul');
    // 5. 将 li 节点添加到 ul 节点中
    ulObj.appendChild(liObj);
}

// 利用事件委托,给 ul 绑定点击事件,完成对超链接的触发动作
var ulObj = document.querySelector('ul');

ulObj.addEventListener('click', function(event) {
    // 获取触发事件的目标元素,就是删除超链接
    var target = event.target;
    // 通过 ul 节点删除超链接的父节点,即 li 节点
    ulObj.removeChild(target.parentNode);
});
</script>
```

思路关键点分析：超链接节点的创建，通过 innerHTML 实现渲染（注意：此处不能使用 innerText 方法，因为该方法不会对内容形式的超链接标签进行解析），将这个超链接以文本内容的形式作为 li 节点的内容。最后利用事件委派实现超链接对评论的删除，具体做法是把点击事件绑定在 ul 节点上，真正触发点击事件的超链接节点通过 event.target 来获取触发事件的目标元素，最后实现将 ul 节点删除 li 节点。要特别注意的是，在本案例中，是不能直接给超链接绑定点击事件的，因为超链接的生成是点击了评论按钮发生点击事件后才动态生成的，这样的话，是不能直接获取到超链接节点的，需要通过事件委派。

9.8.3 全选案例

需求：页面上有一个全选复选框和多个爱好复选框，实现点击全选复选框将所有的爱好选中；同时点击每个爱好，当所有的爱好都被选中时，全选复选框也被选中。示例代码如下：

```
<body>
    全选: <input type="checkbox" id="selectAll"></input>
    爱好: 唱歌: <input type="checkbox" name="hobby"></input>
    跳舞:<input type="checkbox" name="hobby"></input>
    吃饭: <input type="checkbox" name="hobby"></input>
    睡觉: <input type="checkbox" name="hobby"></input>
</body>
<script type="text/javascript">
    var selectAllObj = document.querySelector('#selectAll');
    var hobbyObjs = document.querySelectorAll('input[name=hobby]');

    selectAllObj.addEventListener('click', function() {
```

```
    // 1. 获取全选复选框的状态
    var checked = this.checked;
    // 2. 根据全选复选框的状态去设置每一个爱好的状态
    for (var i = 0; i < hobbyObjs.length; i++) {
        hobbyObjs[i].checked = checked;
    }
});

// 为每个爱好复选框绑定点击事件
for (var i = 0; i < hobbyObjs.length; i++) {
    hobbyObjs[i].addEventListener('click', function() {
        // 假设全选复选框是可以被勾上的
        var flag = true;
        for (var k = 0; k < hobbyObjs.length; k++) {
            if (!hobbyObjs[k].checked) {
                flag = false;
                break;
            }
        }
        // 统一设置全选复选框的状态
        selectAllObj.checked = flag;
    });
}
</script>
```

思路关键点分析：一是所有爱好复选框的状态是否被勾选取决于全选复选框是否被勾选，只要获取全选复选框的状态就可以循环每一个爱好复选框，设置相同的状态即可；二是本案例中使用到了一种假设思想，首先为每一个爱好复选框绑定了点击事件，然后定义了一个标志变量"flag=true"，表示假设全选复选框是可以被勾上的，但是到底能否真正被勾上，依然要去遍历所有爱好复选框的状态，如果遍历完毕一遍之后，所有爱好复选框都是选中状态，则假设成立，全选复选框被真正勾上，在遍历的过程中只要有一个爱好复选框没有被勾上，则将假设推翻，即设置为"flag=false"，同时终止循环，最终统一设置全选复选框的状态就是标志变量的值。

9.8.4 隔行变色效果

需求：页面上有一个无序列表，实现当鼠标移入每一行时设置背景色为红色，移除后恢复为原来的背景色。示例代码如下所示：

```
<body>
    <ul>
        <li>小军</li>
        <li>小马</li>
        <li>小红</li>
        <li>小李</li>
        <li>小明</li>
    </ul>
</body>
```

```
<script type="text/javascript">
    // 获取所有 li 节点
    var liObjs = document.querySelectorAll('li');
    for (var i = 0; i < liObjs.length; i++) {
        // 为每个 li 绑定移入事件
        liObjs[i].addEventListener('mouseover', function() {
            this.style.backgroundColor = 'red';
        });
        // 为每个 li 绑定移出事件
        liObjs[i].addEventListener('mouseout', function() {
            this.style.backgroundColor = '';
        });
    }
</script>
```

思路关键点分析：获取页面上所有的 li，为每个 li 绑定鼠标移入和移出事件来控制每个 li 节点的背景颜色。

小结

本章主要介绍了 JavaScript 中关于对 DOM（文档对象模型）的操作，要注意的是，DOM 并不是 JavaScript 的专属，并不是一种编程语言，而是通过 DOM 提供的编程接口，使得 JavaScript 编程语言具备了操作文档的能力，JavaScript 对 DOM 的编程操作，主要是对文档的操作，即对元素、元素内容、样式和事件的操作。浏览器对结构化文档解析后，会在内存中形成一棵倒立的 DOM 树，而树的每一部分称之为节点，包括元素节点、属性节点、文本节点等，对于如何区分节点的类型，可以通过节点属性身上 nodeType 的不同属性值加以区分。

接下来重点介绍了元素的获取方式，可以分为两种，一种是通过一系列的 get 或 query 方法实现，一种是通过节点的层次关系来获取元素节点，而对于元素的操作，主要是对内容、属性和样式的操作。

JavaScript 是基于事件驱动的语言，相应地，在最后介绍了事件处理机制，通过动态绑定和事件监听的方式实现对事件的注册和删除；页面接收事件顺序的事件流，包括捕获机制和冒泡机制，而冒泡机制，是开发中常用的机制模型，同时利用冒泡机制的原理介绍了事件委派，通过事件委派提高程序的性能；关于事件的默认行为，主要介绍了超链接和表单两种，也是开发中常见的操作。

随后介绍了常见的事件操作，包括窗口事件、鼠标事件、键盘事件和表单事件，对于初学者来说，需要着重学习，触发的每一种事件，都会有一个事件对象 event，该对象描述了事件发生的信息，比如可以得到事件类型、用户按下键盘的哪个按键、鼠标移动的坐标等相关信息，同时借助于 event 对象，可以阻止事件冒泡和阻止事件默认行为。

最后介绍了 DOM 操作中比较经典的三个案例，案例中包含的知识点内容也很全面，包括对元素节点的动态创建和添加、删除，对于事件的处理，事件委派，以及对 this 关键字的使用。

第10章
BOM操作

10.1 概述

　　BOM 全称为浏览器对象模型（Browser Object Model），提供了独立于内容而与浏览器窗口进行交互的对象。"独立于内容"含义是指 BOM 不参与文档内容的操作，仅仅与浏览器窗口进行交互，通过 BOM 使得 JavaScript 具备了和浏览器交互的能力。

　　BOM 为我们提供了一组对象，每个对象都有各自的属性和方法，用来完成对浏览器的操作，常见的 BOM 对象如下：

　　① window：代表的是整个浏览器窗口，同时 window 也是网页中的全局对象，也是核心对象；

　　② location：代表的是当前浏览器地址栏的信息，通过该对象可以完成页面跳转、刷新等功能；

　　③ history：代表浏览器的历史记录，通过该对象可以实现浏览器的前进和后退；

　　④ navigator：代表浏览器的信息，通过该对象可以用来识别不同的浏览器。

　　同时还需要知道的是，BOM（浏览器对象模型）没有正式标准，是由各大浏览器厂商在各自浏览器上定义的，会有兼容性问题。

10.2 window 对象

10.2.1 概述

　　window 对象是 JavaScript 对浏览器的窗口进行操作的顶级对象，是一个全局对象，在使用 window 对象时不需要创建，直接使用即可。在使用的时候可以省略 window，比如最早学习的 alert()弹出警告框，该方法就属于 window 对象身上的方法。如果很明确要调用的方法或者访问的属性是属于 window 对象的，那么 window 可以省略不写。

同时要注意的是，window 对象是一个全局对象，定义在全局作用域中的变量、函数都会成为 window 对象身上的属性和方法。

在这里还要补充一点，上个章节中学习的 DOM 中的 document 对象实际上也是 window 对象的一个属性。

关于在全局作用域中定义变量和函数会作为 window 对象的属性和方法，示例代码如下：

```
<script type="text/javascript">
    // 在全局作用域中定义的变量 age
    var age = 34;
    console.log(age);

    // 在全局作用域中定义的变量,这个变量会自动作为 window 对象的属性
    console.log(window.age);

    // 在全局作用域中定义的函数,这个函数会自动作为 window 对象的方法
    function info() {
        console.log('info---');
    }

    info();
    window.info();
</script>
```

10.2.2　警告框

语法：window.alert(消息提示)，　window 可以省略不写。

作用：用于显示一条指定消息和一个确认按钮的警告框，用来实现信息结果的输出。

示例代码如下：

```
<script type="text/javascript">
    //  window 对象可以省略
    alert('HelloWorld');
    window.alert('HelloWorld');
</script>
```

10.2.3　确认框

语法：window.confirm(确认提示信息)

作用：该方法用于提供确认功能，可以让用户作出选择。该方法会弹出一个对话框，包含一个确定按钮和一个取消按钮，如果用户点击"确定"按钮则返回 true，用户点击"取消"按钮则返回 false。

关于 confirm 方法最常用的使用场景，就是当用户在做删除这样的危险性操作时，能够给用户再次选择的机会，给予提醒，示例代码如下：

```
<body>
    <a href="">删除图书</a>
</body>
<script type="text/javascript">
    var aObj = document.querySelector('a');
    aObj.addEventListener('click', function(event) {
        event.preventDefault();
        var result = window.confirm('是否要真的删除该图书?');
        if (result) {
            alert('要删除图书');
            return;
        }
        alert('您取消了删除操作');
    });
</script>
```

10.2.4 提示框

语法：window.prompt(提示内容)

作用：弹出一个对话框，对话框中有一个输入框可以用来接收用户的输入。该方法的返回结果是一个字符串。

需求：从键盘上输入两个整数，实现两个整数的和。注意，即便输入的是纯数字，该方法依然是以字符串类型来看待，所以需要进行类型转换。示例代码如下：

```
<script type="text/javascript">
    var num1 = window.prompt('请输入第一个整数');
    var num2 = window.prompt('请输入第二个整数');

    // prompt(): 方法返回的类型是字符串类型
    var result = parseInt(num1) + parseInt(num2);
    console.log(result);
</script>
```

10.2.5 打开窗口

语法：window.open(url,name)

作用：在新的 window 或新的 tab 页打开一个页面。

需求：点击按钮，在新窗口打开百度网页。示例代码如下：

```
<body>
    <button>打开百度</button>
</body>
<script type="text/javascript">
    var btnObj = document.querySelector('button');
    btnObj.addEventListener('click', function() {
        // 在新窗口打开百度
```

```
            window.open('https://www.baidu.com');
    });
</script>
```

10.2.6 关闭窗口

语法：window.close()

作用：关闭浏览器窗口。

需求：点击按钮，关闭当前浏览器窗口。示例代码如下：

```
<body>
    <button>关闭窗口</button>
</body>
<script type="text/javascript">
    var btnObj = document.querySelector('button');
    btnObj.addEventListener('click', function() {
        // 关闭当前窗口
        window.close();
    });
</script>
```

10.3 location 对象

10.3.1 概述

location 对象封装了浏览器的地址栏信息，也就是当前 url 的信息。

10.3.2 重新加载页面

语法：window.location.reload(布尔值)

作用：用来重新加载当前页面，等同于浏览器的刷新功能，该方法可以接收一个参数 true，表示强制刷新，同时也会清空缓存、刷新页面。

需求：点击按钮，实现浏览器刷新功能。示例代码如下：

```
<body>
    <button>刷新</button>
</body>
<script type="text/javascript">
    var btnObj = document.querySelector('button');
    btnObj.addEventListener('click', function() {
        // 刷新
        window.location.reload();
    });
</script>
```

10.3.3 跳转其他页面

语法：window.location.assign(网址)

作用：用来跳转到其他页面，该方法的作用等同于 window.location.href = url。

需求：点击按钮，跳转到百度网页。示例代码如下：

```html
<body>
    <button>跳转到百度</button>
</body>
<script type="text/javascript">
    var btnObj = document.querySelector('button');
    btnObj.addEventListener('click', function() {
        // 跳转到百度网页
        window.location.assign('https://www.baidu.com');
    });
</script>
```

10.3.4 新页面替换当前页面

语法：window.location. replace(网址)

作用：用指定的新页面替换当前页面，会跳转到新页面，但是不会产生访问历史记录，也就是说，不能使用前进后退按钮。

需求：使用百度页面将当前页面给替换，并测试前进后退功能。示例代码如下：

```html
<body>
    <button>替换当前页面为百度页面</button>
</body>
<script type="text/javascript">
    var btnObj = document.querySelector('button');
    btnObj.addEventListener('click', function() {
        // 跳转到百度网页
        window.location.replace('https://www.baidu.com');
    });
</script>
```

10.4 history 对象

10.4.1 概述

history 对象是历史对象，用来表示用户访问过的 url 的集合，记录了用户访问的浏览器历史记录，通过浏览器的前进和后退按钮实现前一页和后一页。

10.4.2　常用方法

对于现阶段来说，该对象常用的方法有三个，大家可以自行尝试练习。如表 10-1 所示。

⊡ 表 10-1　history 对象的常用方法

方法	说明
history.back()	回退到上一个页面，等同于浏览器回退按钮
history.forward()	跳转到下一个页面，等同于浏览器前进按钮
history.go(number)	该方法接收一个整数，跳转到指定页面，正数表示向前跳转，负数表示向后跳转

10.5　navigator 对象

10.5.1　概述

navigator 对象表示的是当前浏览器的信息，可以通过该对象识别不同的浏览器。

10.5.2　检测浏览器类型

一般通过使用 navigator 对象身上的"userAgent"属性来判断浏览器的信息，该属性的返回值是一个字符串，该字符串中就包含了描述浏览器的内容信息，对于不同的浏览器来说有不同的 userAgent。但是要注意的是，IE11 中已经把微软和 IE 相关的标识去除，所以要判断浏览器是否是 IE，就不能使用 userAgent 属性了，可以使用 IE 浏览器中的特殊对象"ActiveXObject"。关于识别判断不同的浏览器，示例代码如下：

```html
<script type="text/javascript">
    var userAgentInfo = window.navigator.userAgent;

    if (/firefox/i.test(userAgentInfo)) {
        alert("火狐浏览器");
    } else if (/chrome/i.test(userAgentInfo)) {
        alert("谷歌浏览器");
    } else if (/msie/i.test(userAgentInfo)) {
        alert("IE5-IE10 浏览器");
    } else if ("ActiveXObject" in window) {
        alert("IE11 浏览器");
    }
</script>
```

10.6 定时器

10.6.1 概述

在生活中，定时器的使用场景非常多。比如，今天下午三点有一个会议，为了不让自己忘记，可以定制一个闹钟，在今天下午三点提醒，这个闹钟就是一个定时器，闹钟会延时到下午三点才提醒；同样的，还有一种情况，比如，每天早上上班，为了不让自己迟到，可以定制一个闹钟，每天早上固定的时间点提醒，这个也是定时器，这种定时器每隔一段时间执行一次，叫作间隔定时器。在 JavaScript 中，window 对象同样给我们提供了两个非常有用的定时器，分别是：

① setTimeout()，延时定时器；

② setInterval()，间隔定时器。

10.6.2 启动延时定时器

语法：window.setTimeout(功能函数,延时的毫秒数)

作用：设置一个定时器，延时指定的毫秒数之后执行功能函数。该定时器启动之后，会返回一个唯一的标识符，可以根据返回的这个标识符，取消定时器。

需求：点击页面上的按钮，该按钮的作用是将页面上的 div 在 3 秒之后隐藏。示例代码如下：

```
<body>
    <div>HelloWorld</div>
    <button>3 秒之后隐藏 div</button>
</body>
<script type="text/javascript">
    var btnObj = document.querySelector('button');
    btnObj.addEventListener('click', function() {
        // 启动定时器
        setTimeout(function() {
            var divObj = document.querySelector('div');
            divObj.style.display = 'none';
        }, 3000);
    });
</script>
```

10.6.3 取消延时定时器

语法：window.clearTimeout(timerId)

作用：根据指定的 timerId 取消指定的延时定时器。

需求：打开页面开启定时器，同时页面上有一个按钮，作用是取消该定时器。示例代码如下：

```
<body>
    <button>取消延时定时器</button>
</body>
<script type="text/javascript">
    var timerId = setTimeout(function() {
        console.log('定时器启动了。。。');
    }, 10000);

    var btnObj = document.querySelector('button');
    btnObj.addEventListener('click', function() {
        // 取消定时器
        clearTimeout(timerId);
    });
</script>
```

10.6.4　启动间隔定时器

语法：window.setInterval(功能函数, 间隔的毫秒数)

作用：每隔指定的毫秒数重复调用指定的功能函数，同时该函数会返回一个唯一标识符。

需求：每隔三秒在控制台输出"好好学习，天天向上"。示例代码如下：

```
<script type="text/javascript">
    // 每间隔一定的时间去执行
    setInterval(function() {
        console.log('好好学习,天天向上...');
    }, 3000);
</script>
```

10.6.5　取消间隔定时器

语法：window. clearInterval(timerId)

作用：根据指定的 timerId 取消指定的间隔定时器。

需求：每隔三秒在控制台输出"好好学习，天天向上"，输出三次之后不再执行。示例代码如下：

```
<script type="text/javascript">
    var count = 0;
    // 每间隔一定的时间去执行
    var timerId = setInterval(function() {
        console.log('好好学习, 天天向上');
        count++;
        if (count === 3) {
            // 根据指定的 timerId 取消定时器
```

```
            clearInterval(timerId);
        }
    }, 3000);
</script>
```

10.7 经典案例

10.7.1 显示时钟

需求：在页面上实时显示当前的系统时间。

思路分析：使用到 Date 日期时间函数，同时还需要时间格式化，由于是实时显示，需要间隔定时器每隔 1 秒输出。示例代码如下：

```
<body>
    <div></div>
</body>
<script type="text/javascript">
    function showTime() {
        var datetime = new Date();

        var year = datetime.getFullYear();
        var month = datetime.getMonth() + 1;
        var date = datetime.getDate();

        var hours = datetime.getHours();
        var minutes = datetime.getMinutes();
        var seconds = datetime.getSeconds();

        var result = year + '年' + month + '月' + date + '日 ' + hours + '时' +
minutes + '分' + seconds + '秒';

        document.querySelector('div').innerText = result;
    }
    // 上来就执行一次，解决页面打开时有 1 秒空白的问题
    showTime();
    // 启动间隔定时器，每隔 1 秒执行 showTime 函数，在页面输出当前时间
    setInterval(showTime, 1000);
</script>
```

10.7.2 显示和隐藏切换

需求：页面上有一个 div，初始时显示状态，实现每隔 3 秒切换显示和隐藏。

思路分析：在页面打开后，就需要启动间隔定时器，同时设置一个标志变量"flag"，该

标志变量的作用是用来控制本次 div 应该是显示还是隐藏，假设"flag=true"，表示显示，在间隔定时器内部，需要根据标志变量的值来控制显示或隐藏。还需要注意的一点是，如果"flag=true"，则让 div 隐藏，同时还需要把该标志变量设置为 false，同理，如果"flag=false"，则让 div 显示，同时还需要将该标志变量设置为 true。总之，通过标志变量值的不同来达到动态显示和隐藏的切换目的。示例代码如下：

```
<body>
    <div>HelloWorld</div>
</body>
<script type="text/javascript">
    var divObj = document.querySelector('div');
    var flag = true;
    window.setInterval(function() {
        // 根据标志变量值的不同实现切换，同时切换之后还要改变变量的值
        if (flag) {
            divObj.style.display = 'none';
            flag = false;
        } else {
            divObj.style.display = 'block';
            flag = true;
        }
    }, 3000);
</script>
```

10.7.3 实现文本框内容校验

需求：页面上有一个文本输入框，当文本框失去焦点时，页面提示'正在校验中...'，三秒以后，若输入框的内容是'guoguo'则页面提示'用户名不可用'，否则页面提示'用户名可用'。

思路分析：需要启动延时定时器同时配合 onblur 事件，获取文本框的值从而判断。示例代码如下：

```
<body>
    用户名：<input type="text"></input> <span></span>
</body>
<script type="text/javascript">
    document.querySelector('input').onblur = function() {
        setTimeout(function() {
            if (document.querySelector('input').value === 'guoguo') {
                document.querySelector('span').innerText = '用户名不可用';
            } else {
                document.querySelector('span').innerText = '用户名可用';
            }
        }, 3000);
        document.querySelector('span').innerText = '正在校验中...';
    }
</script>
```

10.7.4　模拟发送验证码

需求：点击页面上"发送验证码"按钮，按钮的文本显示倒计时，时间到了之后按钮恢复原样。

思路分析：启动间隔定时器，去判断倒计时的秒数，如果还有存在的剩余秒数，则按钮文本提示'倒计时'+seconds+'秒'，否则取消定时器，同时恢复秒数。示例代码如下：

```
<body>
    <button>发送验证码</button>
</body>
<script type="text/javascript">
    var btnObj = document.querySelector('button');
    var seconds = 10;
    btnObj.addEventListener('click', function() {
        this.disabled = true;
        var timerId = setInterval(function() {
            if (seconds > 0) {
                btnObj.innerText = '倒计时' + seconds + '秒';
                seconds--;
            } else {
                clearInterval(timerId);
                btnObj.innerText = '发送验证码';
                btnObj.disabled = false;
                seconds = 10;
            }
        }, 1000);
    });
</script>
```

小结

本章主要介绍了 JavaScript 中对 BOM（浏览器对象模型）的操作，重点介绍了全局对象 window、浏览器地址栏对象 location、浏览器对象 navigator、浏览历史对象 history，随后介绍了常用的两种定时器 setTimeout 延时定时器和 setInterval 间隔定时器，最后介绍了 BOM 中的经典案例。

BOM 技术点内容虽然很明显少于 DOM 技术点内容，但是 BOM 作为 JavaScript 的组成部分之一，也需要好好把握，所介绍的内容需要熟练掌握。

第11章 JavaScript高级篇

11.1 严格模式

11.1.1 概述

首先要说明的是，严格模式从一定意义上说并不算是 JavaScript 的高级内容。严格模式在 2009 年 12 月份（ECMAScript5）已经提出，之所以把严格模式放在高级篇，一个很重要的原因是严格模式作为编写 JavaScript 提出的一项规范，与正常普通模式在使用上有些许的不同，主要是为了和正常普通模式做对比划分，所以才将严格模式放在了高级篇中。

简单来说，严格模式就是让浏览器能够在严格的条件下执行 JavaScript 代码，更加严谨地对代码进行检测和执行，前提是浏览器必须支持严格模式，很幸运的是，严格模式已经几乎被所有的浏览器支持（IE10 以下版本的浏览器除外）。

在严格模式下执行的 JavaScript 代码的特点总结如下：

① 规范了 JavaScript 语法上的不合理之处，严格模式要求变量必须通过 var 关键字声明；

② 提升执行 JavaScript 代码的速度；

③ 严格模式通过抛出错误的形式来消除一些原有的静默错误，比如 Object.freeze()冻结对象后依然可以修改对象的属性而不会报错；

④ 严格模式禁用了在 ECMAScript 未来版本中可能会定义的一些语法，比如 class、import、extends 不能作为变量名。

11.1.2 开启严格模式

开启严格模式支持细粒度的设置，可以将严格模式应用到整个 JavaScript 脚本，也可以将严格模式应用到某些个函数中。

无论是哪种方式的严格模式，开启严格模式的语法都是"use strict"。

11.1.3 整个脚本文件的严格模式

在 JavaScript 整个脚本文件中开启严格模式，仅仅针对这个 JavaScript 文件生效，需要在整个脚本文件的首行编写"use strict"语句。示例代码如下：

```
<script type="text/javascript">
    // 表示开启严格模式，是一个字符串
    'use strict';
    console.log('开启了严格模式');
</script>
```

11.1.4 特定函数的严格模式

特定函数的严格模式，需要在某个具体的函数体内部首行编写"use strict"语句，这个严格模式仅仅针对当前设置的函数生效。示例代码如下：

```
<script type="text/javascript">
    // 该函数的执行是以严格模式执行
    function info() {
        'use strict';
    }

    // 该函数的执行是以普通模式执行
    function eat() {

    }
</script>
```

11.1.5 严格模式的使用影响

了解了如何去开启严格模式，下面就详细介绍如果程序开启了严格模式，对我们编写 JavaScript 会有什么影响。

影响一：严格模式下，无法意外地创建全局变量。

所谓的"意外地创建全局变量"，主要是变量没有通过"var"关键字进行声明就直接赋值使用了，包括在函数体内不声明而直接赋值使用的变量都属于全局变量，这在严格模式下是不允许的。示例代码如下：

```
<script type="text/javascript">
    'use strict';

    // 严格模式下,age 没有定义,报错
```

```
    age = 23;

    function info() {
        // 严格模式下,username 没有定义,报错
        username = 'HelloWorld';
    }
    info();
</script>
```

影响二：严格模式下，不能删除变量。示例代码如下：

```
<script type="text/javascript">
    'use strict';


    var age = 23;
    console.log(age);


    // 严格模式下,不能对标识符做删除操作,直接报错
    delete age;
    console.log(age);
</script>
```

在普通模式下并不会报错，即便编写了"delete age"语句，程序也不受影响，这个也叫作静默错误。

影响三：严格模式下，不允许函数有相同的参数名。示例代码如下：

```
<script type="text/javascript">
    'use strict';
    // 运行报错
    function info(x, x) {

    }
</script>
```

影响四：严格模式下，eval 不再为上层引用变量。

普通模式下，eval()函数需要接收一个字符串参数，并把这个字符串参数作为一个脚本来执行。eval()函数中的字符串参数执行的上下文环境和调用 eval()函数的上下文环境是一样的，比如在全局作用域下调用了 eval()函数，而 eval()函数中的字符串参数定义的是变量的语句，那么这个变量也属于全局作用域。具体示例如下代码所示：

```
<script type="text/javascript">
    'use strict';


    var info = 'var message = "HelloWorld" ; console.log(message); ';
    eval(info);
    // 严格模式下,会报错
    console.log(message);
</script>
```

说明：在普通模式下，上例程序中的 message 值使用的是全局变量的值，但是在严格模

式下，由于 eval 函数不会向上引用变量，所以在使用 message 变量值时，全局作用域下没有该变量，就直接报错。

影响五：严格模式下，全局作用域中普通函数中的 this 指向 undefined。示例程序如下：

```
<script type="text/javascript">
    'use strict';

    function info() {
        console.log(this);
    }
    info();
</script>
```

说明：在普通模式下，作为普通函数的调用，函数内部的 this 指向的是 window，但是在严格模式下，普通函数内部的 this 指向的是 undefined。

影响六：严格模式下，不允许在非函数的代码块内声明函数。

在普通模式下允许在非函数代码块中声明函数，此时这个函数的作用范围是全局作用域，那么是可以以全局作用域下的函数去使用的。但是在新版本的 JavaScript（即 ES6）中，引入了"块级作用域"，为了能够和新版本统一，在严格模式下，不允许在非函数的代码块中声明函数（经过测试发现其实是可以声明的，只是不能在全局作用域下去调用该函数，只是在当前代码块中生效）。示例代码如下：

```
<script type="text/javascript">
    'use strict';

    // 在非函数代码块中声明函数
    if (true) {
        function info() {
            console.log('x');
        }
    }
    // 严格模式下，全局作用域没有 info 函数，报错
    info();
</script>
```

至此，关于严格模式对于编程带来的影响就介绍完毕了，当然还有一点，在严格模式下不能使用 with 语句，这个大家简单做个了解即可，因为 with 语句是极不推荐使用的，在这里就不再多做介绍了。

大家在学习严格模式时，可以自行把本小节中的程序案例代码中关于"use strict"的语句给删除，观察在普通模式下和严格模式下的区别，从而更好地理解和掌握严格模式。

11.2 改变函数内 this 的指向

实际上，函数内部的 this 都有自己默认的指向，同时在 8.7.2 小节中，也介绍了可以通过

call/apply 两个函数去改变函数内部 this 的指向问题，除了这两种方式之外，还可以通过 bind() 函数去改变函数内部的 this 指向。问题是，bind()方式和 call/apply 方式有什么区别吗？下面就重点介绍 bind()函数改变函数内部 this 的指向问题。

11.2.1 bind 方式

语法：func.bind(thisArg[, arg1[, arg2[, ...]]])

作用：bind()方法的作用可以改变函数内部 this 的指向。bind()方法会创建一个新函数 newFunc，该新函数实际上是原来 func 函数的拷贝，当这个新函数 newFunc 被调用时，bind() 方法的第一个参数将作为它运行时的 this，而其余的参数将作为新函数 newFunc 的参数，供调用时使用。

特点：bind()方法调用完毕之后，会返回一个原函数的拷贝，也就是说返回的是一个函数，但是这个函数并不会调用，需要手动调用。恰好利用 bind 这种特性，只是改变 this 指向但是函数不调用，所以往往在回调函数中使用更为广泛，可以更优雅地去解决函数内部 this 的指向。

- 【案例 11-1】

bind()方法初体验，程序代码如下：

```
<script type="text/javascript">
    var obj = {
        username: 'HelloWorld'
    };
    function info() {
        console.log(this);
    }
    // bind()方法执行完后返回 info 函数的拷贝，新函数不会执行
    var newFunc = info.bind(obj);
    console.log(newFunc);
    newFunc();
</script>
```

- 【案例 11-2】

以 10.7.4 小节模拟发送验证为例，使用 bind 方式优雅解决 this 的指向问题。程序如下：

```
<body>
    <button>发送验证码</button>
</body>
<script type="text/javascript">
    var btnObj = document.querySelector('button');
    var seconds = 10;
    btnObj.addEventListener('click', function() {
        // 直接按钮禁用
        this.disabled = true;
        var timerId = setInterval(function() {
            if (seconds > 0) {
                this.innerText = '倒计时' + seconds + '秒';
```

```
            seconds--;
        } else {
            clearInterval(timerId);
            this.innerText = '发送验证码';
            // 按钮恢复为启动
            this.disabled = false;
            // 恢复秒数
            seconds = 10;
        }
    }.bind(this), 1000); // 重点理解 bind 函数
    });
</script>
```

在定时器的回调函数中的 this 指向的是 window，所以不能想当然地以为在回调函数中使用 this 表示的是当前点击的按钮元素对象，而通过 bind()方法又非常巧妙地实现了对定时器回调函数的拷贝，并且将外部的 this（实际上是按钮元素对象）传递给了新函数，又由于新函数并不会执行，而是由定时器去触发该新函数的执行，所以使用 bind()方法就非常合适了，相比较 10.7.4 小节每次都使用 btnObj 变量去引用按钮对象要优雅得多了。

在下一章中，会讲解到 ES6 的新特性，使用箭头函数会更加方便，先卖个关子，后续再来介绍。

11.2.2 call/apply/bind 的总结

至此，call/apply/bind 三个函数都介绍完毕了，下面从三个方面对这三个函数做个对比。

① 相同点

（a）三个函数都可以改变函数内部的 this 指向；

（b）三个函数中的第一个参数都是函数内部 this 所要指向的对象。

② 不同点

（a）call 方法的第二个参数是散列值，多个参数之间用逗号分隔；

（b）apply 方法的第二个参数要求是一个数组，要把传递给函数的参数封装到数组中；

（c）bind 方法的第二个参数是散列值，多个参数之间用逗号分隔；

（d）call 和 apply 方法调用后，会立即执行函数；

（e）bind 方法调用后，会返回原来函数的拷贝，并且不会直接调用新函数。

③ 使用场景

（a）call 方法主要用来做继承，call()可以看作是 apply()方法的语法糖；

（b）当函数的参数个数不确定时，用 apply，这样可以把参数 push 到数组中传递进去；

（c）如果是将来再调用方法，不需要立即调用函数，同时还希望改变函数内部 this 的指向，用 bind()，比如用在定时器中改变 this 的指向。

11.3 对象增强

事实上，Object 对象类型我们并不陌生，可以通过 new Object()去创建实例对象，并且

JavaScript 中的所有对象都是继承自 Object 对象的。在早期，我们也只是简单地使用 Object 去创建对象定义属性和方法，并没有使用 Object 对象身上特别的一些功能，实际上 Object 对象本身确实也为我们提供了很多的属性和方法，对于这些知识的学习还是非常有必要的，因为今后大家可能还会接触 Vue 框架，而 Vue 框架中非常重要的响应式原理，就使用到了 Object 对象中的一些特别的方法，而这些方法也就是我们本小节所介绍的意义所在。

11.3.1　Object.defineProperty()

回顾一下第 8 章面向对象的内容，我们已经学会了如何去创建对象并为该对象添加属性，通过字面量的方式直接将属性定义在了对象中，或者是对象创建好之后为对象动态的添加了属性，但是这样做只能满足最基本的使用对象的需求，对于一些特殊的需求就无法满足了。比如：我们能控制该对象中的属性不能被删除吗？能控制该对象的属性不能被修改吗？能控制该对象身上的属性不希望被 for...in 给遍历出来吗？很明显，我们是无法做到的，也就是说，我们无法对一个对象身上的属性进行精确的控制，为了能够实现精确控制属性的目的，就必须要对定义的属性加以精准的描述，此时就需要使用 Object.defineProperty() 方法来对属性进行定义了。

- 语法：Object.defineProperty(obj，prop，descriptor)。
- 作用：在指定的对象身上定义一个新属性，或者修改一个对象的现有属性，并返回该对象。
- 参数说明：
  - obj：要定义新属性的对象；
  - prop：要定义或修改的属性的名称；
  - descriptor：要定义的属性或修改的属性的属性描述符，用对象表示。该对象的属性如下：
    - value：属性的值，读取属性时会返回该值，修改属性时会修改，默认值是 undefined；
    - writable：属性值是否可以修改，默认值是 false；
    - enumerable：属性是否可以被枚举，默认值是 false；
    - configurable：属性是否可以被删除或者是否可以修改它的特性，默认值是 false。
- 【案例 11-3】

创建对象，并直接在该对象中定义属性，测试所定义的属性所具有的特点。示例程序如下：

```html
<script type="text/javascript">
    var user = {
        username: 'HelloWorld',
        age: 23,
        address: '北京市'
    };
    // 属性是可以配置的,可枚举、可修改的
    delete user.address;
    for (var key in user) {
        console.log(key + ' = ' + user[key]);
    }
    user.age = 30;
```

```
      console.log(user);
</script>
```

● 【案例 11-4】

给定一个对象并添加一个新属性 born，要求该属性可以被删除但不能修改。示例代码如下：

```
<script type="text/javascript">
    var user = {
        username: 'HelloWorld',
        age: 23
    };

    // 添加一个新属性，要求该属性可以被删除但不能修改
    Object.defineProperty(user, 'born', {
        value: '2020-10-10',
        writable: false,
        configurable: true
    });

    console.log(user); // born 已经定义在了 user 对象上

    user.born = '2020-10-11'; // 修改不成功
    console.log(user);

    delete user.born; // 可以删除成功
    console.log(user);
</script>
```

● 【案例 11-5】

给定一个对象并添加一个新属性 id，要求该属性不可被删除、不可被修改和不可被枚举。

```
<script type="text/javascript">
    var user = {
        username: 'HelloWorld'
    };

    // 定义新属性，默认特性：不能删除、不能修改、不能枚举
    Object.defineProperty(user, 'id', {
        value: 1
    });

    user.id = 2; // 修改不成功
    delete user.id; // 删除不成功
    console.log(user);

    console.log(Object.keys(user)); // 不可枚举，Object.keys()方法稍后会讲解到
</script>
```

属性描述符有两种形式：数据属性描述符和存取属性描述符。一个描述符只能是这两者其中之一，不能同时是两者。上文所介绍的是数据属性描述符，而数据属性描述符是一个具

有值的属性，该值可以是可写的，也可以是不可写的；可以是可删除的，也可以是不可删除的；可以是可枚举的，也可以是不可枚举的。

存取属性描述符是由 configurable 属性、enumerable 属性、 getter 函数和 setter 函数所描述的。其中，configurable 属性和数据属性描述符是一致的，分别表示本条属性是否可删除，以及描述属性是否可修改；enumerable 属性和数据属性描述符是一致的，决定本条属性是否可被枚举。下面重点讲解 getter 函数和 setter 函数。既然是函数，就必须调用才会执行，什么时候会触发调用呢？

getter 函数在获取属性值时触发，需要注意的是，需要为某个属性添加了 getter，在获取属性时该函数才会触发，如果没有定义则返回 undefined。getter 函数的返回值将作为访问的属性值。

setter 函数在设置属性时触发，设置的属性值将作为该函数的参数传入到该函数中，在该函数中，我们可以对参数进行判断、验证和进一步的处理数据，如果未定义默认也是 undefined。

- 【案例 11-6】

给一个对象添加新属性 age，如果设置的属性值大于 60 岁，则获取该属性值返回 18 岁，否则获取指定设置的属性值。示例代码如下：

```
<script type="text/javascript">
    var user = {
        username: 'HelloWorld'
    };

    var _age = 10;
    Object.defineProperty(user, 'age', {
        get: function() {
            return _age;
        },
        set: function(val) {
            _age = val > 60 ? 18 : val;
        }
    });

    // 设置属性值,则 set 函数会被调用
    user.age = 64;
    // 获取属性值，则 get 函数会被调用
    console.log(user.age);
</script>
```

- 【案例 11-7】

给一个对象添加新属性 age，如果设置的属性值大于 60 岁，则获取该属性值返回 18 岁，否则获取指定设置的属性值，同时该属性支持可删除。示例代码如下：

```
<script type="text/javascript">
    var user = {
        username: 'HelloWorld'
    };
```

```
        var _age = 10;
        Object.defineProperty(user, 'age', {
            configurable: true,
            get: function() {
                return _age;
            },
            set: function(val) {
                _age = val > 60 ? 18 : val;
            }
        });

        // 设置属性值,则 set 函数会被调用
        user.age = 64;
        // 获取属性值, 则 get 函数会被调用
        console.log(user.age);

        // 删除属性,发现是可以删除的
        delete user.age;
        console.log(user);
    </script>
```

  总而言之,当我们在访问某个对象身上的属性或者设置某个对象身上的属性时,并不是直接访问或设置的,而是把对数据的操作拦截了下来,做一些特殊的功能。比如,在设置属性值时,可以校验赋予的值是否合法;获取属性值时判断该值做进一步的加工处理,如格式化操作。这种机制叫作数据劫持。

11.3.2　Object.defineProperties()

  该方法的作用是直接在一个对象身上定义多个新的属性或修改现有的属性,并返回该对象。

- 语法:Object.defineProperties(obj, props)
- 参数说明:
  - obj:要定义或修改属性的对象;
  - props:值是一个对象,该对象的 key 就是要定义的新属性或修改的属性,key 所对应的值是一个对象,这个对象就是要定义的属性或修改的属性的属性描述符。
- 【案例 11-8】

  对给定的对象添加两个属性,并对该两个属性加以描述。示例代码如下:

```
<script type="text/javascript">
    var user = {
        username: 'HelloWorld'
    };

    var _age = 10;
    Object.defineProperties(user, {
        // 定义新属性, 可写, 不可枚举、不可删除
        address: {
```

```
            value: '郑州市',
            writable: true,
            configurable: false
        },
        // 定义新属性,可枚举、可删除
        age: {
            configurable: true,
            enumerable: true,
            get: function() {
                return _age;
            },
            set: function(val) {
                _age = val > 60 ? 18 : val;
            }
        }
    });
    // 测试
    user.address = '北京市';
    console.log(user);

    delete user.age;
    console.log(Object.keys(user));
</script>
```

> **总结**:通过代码演示会发现 Object.defineProperties()方法和 Object.defineProperty()方法作用是一样的,都可以配置相同的属性描述符,只不过这种方式可以一次性对多个属性进行定义。

对于上述案例,读者可以自行调整属性描述符的配置进而测试结果是否符合预期。

11.3.3　Object.keys()

- 语法:Object.keys(obj)
- 作用:遍历对象,获取对象身上可被枚举的所有属性,返回是属性名构成的数组。
- 说明:通过创建对象并直接定义的属性都是可被枚举的。
- 【案例 11-9】

给定一个对象,获取该对象身上的所有可被枚举的属性。程序代码如下:

```
<script type="text/javascript">
    var person = {
        id: 1,
        uname: 'HelloWorld',
        age: 23
    };

    // 获取 person 对象身上所有可被枚举的属性,返回值是一个数组
    var keys = Object.keys(person);
```

JavaScript 快速入门与开发实战

```
    for (var i = 0; i < keys.length; i++) {
        var key = keys[i];
        console.log(key + ' = ' + person[key]);
    }
</script>
```

11.3.4 Object.is()

- 语法：Object.is(value1,value2)
- 作用：判断 value1 和 value2 两个值是否相等。如果相等则返回 true，否则返回 false。

实际上，在学习 JavaScript 比较运算符时，已经学习了如何比较两个值是否相等，分别使用"=="或者"==="。双等号运算符（==）仅仅比较值，全等号运算符（===）不仅仅比较值，还比较数据类型。JavaScript 还提供了 Object.is()方法来判断相等，要注意的是，排除 NaN、+0 和−0 之外，该方法的作用和全等号运算符一样。程序代码如下：

```
<script type="text/javascript">
    console.log(NaN == NaN); // false
    console.log(Object.is(12, '12')); // false
    console.log(Object.is(NaN, NaN)); // true
    console.log(Object.is(+0, -0)); // false
</script>
```

11.3.5 Object.assign()

- 语法：Object.assign(target, ...sources)
- 作用：用于将所有可枚举属性的值从一个或多个源对象复制到目标对象，并且返回目标对象。
- 使用场景：可以实现对象的复制。
- 参数说明：
  - target：目标对象，最终复制之后的结果；
  - sources：源对象，可以是多个。
- 【案例 11-10】

实现将多个对象复制到目标对象。程序如下：

```
<script type="text/javascript">
    var user = {
        username: 'HelloWorld',
        parent: {
            mother: '小 Hello',
            father: '大 Hello'
        }
    };
```

```
        var person = {
            address: '北京市',
            born: '2020-10-10'
        }

        // 将 user 和 person 两个对象复制到 target 对象中
        var target = {
            id: 1,
            born: '1998-12-12'
        };
        var result = Object.assign(target, user, person);
        console.log(target);
        console.log(target === result);
</script>
```

由以上程序运行结果可以得到如下的结论：

● Object.assign()方法返回的结果就是目标对象，是同一个。

● 如果源对象存在和目标对象相同的属性，则目标对象的值会被覆盖，同时后面源对象的同名属性也会覆盖掉前面的源对象的同名属性。

● 【案例 11-11】

测试源对象中属性值的变化是否会影响到目标属性。程序如下：

```
<script type="text/javascript">
    var user = {
        username: 'HelloWorld',
        parent: {
            mother: '小 Hello',
            father: '大 Hello'
        }
    };

    // 将 user 对象复制到 target 对象中
    var target = {};
    var result = Object.assign(target, user);
    // 修改源对象中属性是引用类型的属性值
    user.parent.mother = '小小 Hello';
    console.log(user);
    console.log(target);
</script>
```

在上述程序中，把源对象 user 中 parent 属性对象（引用类型）的 mother 值进行了修改，发现目标对象也同步发生了修改。也就是说，复制对象的引用，即是把 user 对象中 parent 属性的引用复制了一份给目标对象 target，对于 target 对象中的 parent 属性和 user 对象中的 parent 属性其实指向的是同一个对象，任何一个引用改变了这个对象中的某个属性值，都会影响到其他引用。这种复制称之为浅复制，关于浅复制，在本章的 11.6.2 小节中会重点介绍。

11.3.6 Object.create()

- 语法：Object.create(proto[,propertiesObject])
- 作用：创建一个新对象，使用现有的对象来提供新创建的对象的原型，该方法可以实现继承。
- 参数说明
    - proto：新创建的对象的原型，即新对象要继承的原型；
    - propertiesObject：可选参数，与 Object.defineProperties()方法的第二个参数格式相同。

在阅读框架源码时，经常会看到这样的代码："Object.create(null)"，该代码的作用是初始化一个全新的对象，任何属性都没有。那为什么不用字面量的方式创建对象呢？原因就是即便用字面量方式创建一个空对象，但这个对象依然还是继承了 Object 对象。

- 【案例 11-12】

创建一个空对象，没有任何属性的对象。程序如下：

```
<script type="text/javascript">
    // 创建一个全新的、没有痕迹的对象，第一个参数为 null
    var obj = Object.create(null);
    console.log(obj);
</script>
```

上文提到，通过 Object.create()方法可以实现继承，对于该方法也可以这么理解：基于一个指定的父对象，创建一个新的子对象，这个新的子对象继承指定的父对象。通过这种方式实现继承有时候非常有用，比如父对象不是一个构造函数，而是一个字面量，使用该方式实现继承就很合适了。

- 【案例 11-13】

实现对象间的继承。程序如下：

```
<script type="text/javascript">
    // 定义父对象
    var parent = {
        address: '北京市',
        money: 200,
        house: '西郊别墅'
    };

    // 创建子对象，同时对子对象添加属性
    var child = Object.create(parent, {
        car: {
            value: '奔驰',
            writable: true
        }
    });

    // 查看子对象身上的属性
    console.log(child);
</script>
```

11.4　JavaScript 的内存管理

11.4.1　概述

JavaScript 中，数据类型分为两类，基本数据类型（String、Number、Boolean、Null、Undefined、Symbol）和引用数据类型（对象、数组、函数）。不同数据类型的数据在内存中的存储位置也是不相同的，简单来说，基本数据类型的数据存放在栈内存（Stack），并且数据值和数据值之间没有关系，相互独立，修改一个数据值不会影响其他的数据值；引用数据类型的数据存放在堆内存（Heap）中，只要创建一个对象，就会在堆内存中开辟一个新的内存空间，并且生成一个唯一的内存地址，而引用变量保存的是对象的内存地址，这就意味着多个引用变量指向同一个对象，其中任何一个引用变量对该对象做了修改，都会影响到其他的引用变量。

为什么内存还要分栈内存和堆内存呢？实际上，不管是栈内存还是堆内存，都是内存空间，之所以要这么细分，主要是为了便于内存管理，方便对内存空间的分配和回收。举个例子，为什么家里的衣柜要划分不同的格子呢？因为划分不同的格子有助于物品的存放方便，也便于物品的查找，同理，内存也是如此。

在 JavaScript 中，只要创建变量、对象或者函数，JavaScript 引擎就会为它们分配内存空间，同时，当不再使用它们的时候，JavaScript 引擎又会自动地去释放这些内存空间。在这个过程中，内存都会经历如下的阶段（生命周期），如图 11-1 所示。

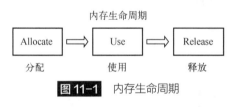

图 11-1　内存生命周期

内存经历的这三个阶段，也称为内存的生命周期，介绍如下：

- 分配：声明变量、创建对象、定义函数等操作，JavaScript 会自动分配内存空间；
- 使用：在程序中对变量、对象和函数等读写操作就是对内存的使用过程；
- 释放：变量、对象和函数不再使用，由 JavaScript 负责回收内存，该内存空间又可以另作他用了。

11.4.2　栈内存

栈内存（Stack）是一种只能一端进出的数据结构，特点是先进后出或者是后进先出，类似于小时候的玩具枪向弹夹里压子弹，最先压入的子弹最后出来。

同时，栈也是用来存储静态数据的一种数据结构。所谓的静态数据是指 JavaScript 引擎在编译时期就能确定大小的数据。在 JavaScript 中，基本的数据类型都是有固定大小的，往往都保存在栈中。除了基本数据类型，还有引用数据类型，比如数组、对象，这部分数据占用的内存空间大小是不固定的，往往保存在堆内存中，但是要明确的一点是，堆中保存的才是真正的引用类型的数据（对象、数组、函数），对于指向堆中数据的引用变量是保存在栈中的。举个简单的例子：

```
<script type="text/javascript">
    // number 变量和数字 10 都是保存在栈中
    var number = 10;
    // arrs 引用变量保存在栈中,[10,20,30]数组对象保存在堆中
    var arrs = [10, 20, 30];
</script>
```

介绍了栈的数据存储，下面来介绍一下先进后出这种数据结构的特点，向栈中保存数据叫入栈，向栈中移除数据叫出栈，不管是保存还是移除数据，都只能从栈的一端进行操作。下面通过程序搭配图的形式介绍栈的特点，比如在程序中定义了三个基本数据类型的变量，如下程序所示：

```
<script type="text/javascript">
    // 定义三个基本数据类型的变量
    var number = 10;
    var username = 'HelloWorld';
    var flag = true;
</script>
```

JavaScript 自顶向下依次执行代码，根据定义变量的顺序，变量 number 率先入栈，其次是变量 username 入栈，最后是 flag 变量入栈。最终栈内存的数据存储如图 11-2 所示。

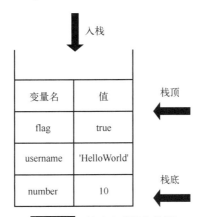

图 11-2 栈内存数据存储图

如果一个变量不再使用要被释放，意味着要从栈中把该变量删除，对应出栈操作，将从栈顶移除。

说明：基本数据类型的数据是不可变的，给基本数据类型的变量重新赋值，并不会修改原来的值，而是创建了一个新值。

11.4.3 堆内存

堆内存（Heap）保存的是引用类型的数据（对象、函数、数组），大小不固定。所以 JavaScript 引擎并不会为这部分数据分配一个固定大小的空间，而是根据需要分配合适的内存空间大小，

这种方式就是动态内存分配。

同时，JavaScript 不允许直接操作堆内存，对堆内存的操作都是通过引用变量进行的。下面通过程序搭配图的形式介绍堆的特点，比如程序中定义了三个引用数据类型的变量，如下程序所示：

```
<script type="text/javascript">
    // 定义引用类型的数据：对象、数组、函数
    var user = {
        username: 'Hello',
        age: 23
    };
    var arrs = [10, 20, 30];
    var func = function() {
        console.log('这是 func 函数');
        console.log(10+20);
    }
</script>
```

三个引用类型的数据在内存的存储，如图 11-3 所示。

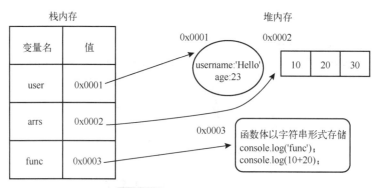

图 11-3 堆内存数据存储图

从图 11-3 可以看出，引用类型的数据（真正的实例对象）保存在了堆内存中，引用类型的变量名（引用变量）保存在了栈内存中，该引用变量保存的是对象的内存地址，所以也经常说，引用变量的值是一个指向堆内存的内存地址。

11.4.4 基本数据类型传参

所谓基本数据类型传参，就是在调用函数时，把一个基本数据类型的变量作为参数传递给函数的形参。特点是在函数内部对形参的改变都不会影响到实参的值，因为基本数据类型的数据是存放在栈中的，在进行参数传递时，实际上是把该变量在栈内存中的值复制了一份给形参。示例代码如下：

```
<script type="text/javascript">
    var x = 10;

    function fn(a) {
```

```
        a++;
        console.log(a); // 11
    }

    // 将 x 变量的数值 10 复制了一份给 fn 函数形参的 a 变量
    fn(x);
    console.log(x); // 10
</script>
```

上述程序的内存数据存储简易图，如图 11-4 所示。

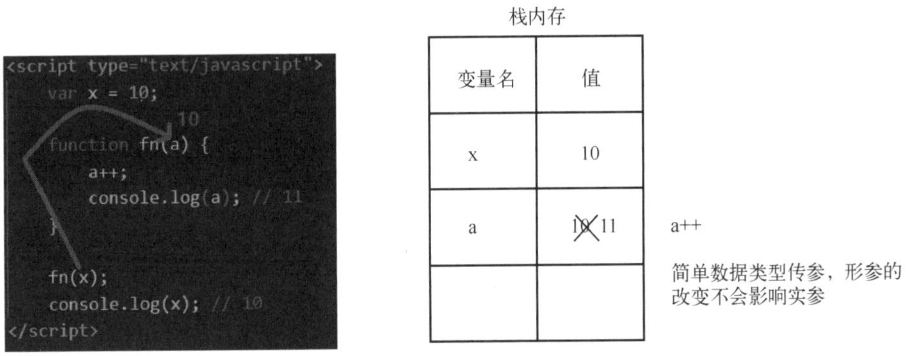

栈内存

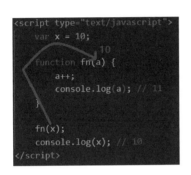

变量名	值
x	10
a	�️X 11 a++

简单数据类型传参，形参的
改变不会影响实参

图 11-4 基本数据类型传参内存数据存储简易图

11.4.5 引用数据类型传参

所谓引用数据类型传参，就是在调用函数时，把一个引用类型的变量作为参数传递给函
数的形参。特点是在函数内部对形参的改变会影响到实参的值，因为引用类型的数据（实例
对象）是保存在堆内存中的，引用类型的变量名是保存在栈中的，把引用类型的变量传递给
函数形参，实际上是把引用变量在栈内存中保存的内存地址复制给了形参，这么一来，函数
形参和实参其实指向的是同一个堆中的内存地址。示例代码如下：

```
<script type="text/javascript">
    var user = {
        username: 'HelloWorld',
        age: 23
    }
    function fn(person) {
        console.log(person.username);
        person.username = 'Spring';
        console.log(person.username);
    }

    // 引用类型的变量传递给 fn 函数，形参把数据改变了，实参也改变了
    fn(user);
    console.log(user);
</script>
```

上述程序的内存数据存储简易图，如图 11-5 所示。

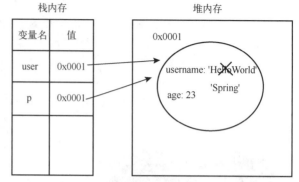

图 11-5 引用数据类型传参内存数据存储简易图

通过上述程序可以得出一个结论：多个引用变量指向同一个对象，其中任何一个引用变量对该对象做了修改，其他引用变量也会受到影响。

11.4.6 值传递和引用传递

在介绍函数参数传递时，分为了两种情况，一是基本数据类型传参，二是引用数据类型传参，与之对应的两个概念分别是值传递和引用传递，那么在 JavaScript 中参数传递是哪种方式呢？

JavaScript 函数参数传递是值传递。在 JavaScript 中，不管传递的是基本数据类型的数据，还是引用类型的数据，本质上都是在栈内存中对值复制了一份。只不过区别在于，基本数据类型的数据存储在栈内存中，直接把栈中的数据值复制了一份给形参；而引用类型的数据存储在堆中，栈中保存的是引用变量指向堆内存对象的内存地址，所以引用类型的数据在传参时，复制的是内存地址给形参，这样形参和实参都指向了堆内存中同一个对象，仅仅是把栈内存中引用变量的内存地址复制了一份，不会复制堆内存上的对象值。

11.4.7 垃圾回收

至此，我们已经知道了 JavaScript 中不同的数据类型如何在内存中分配，在内存中对数据的读写操作就是在使用内存，最后介绍内存如何释放。同内存分配一样，内存释放也是由 JavaScript 引擎来完成的，准确来说，是垃圾收集器（Garbage Collection）来完成的，由垃圾收集器完成对内存的回收工作，垃圾收集器简称 GC。

垃圾收集器的作用就是通过垃圾回收机制找出不再继续使用的变量、函数、对象等，找到之后释放所占的内存。JavaScript 使用垃圾回收机制来自动管理内存，这样做的好处是降低开发者的负担，减少程序长时间运行而带来的内存空间不断消耗的问题；但缺点也是显而易见的，开发者无法掌控内存，由于 JavaScript 也没有提供任何关于内存操作的 API，程序员无法干预内存管理。

还有一点需要说明，垃圾收集器不需要开发者手动地去调用执行，而是按照固定的时间间隔周期性地去执行垃圾收集操作，这就意味着如果程序存在有这样的语句，比如"user=null"，该条语句结束后，user 指向的对象并不会被垃圾收集器立即回收，而是等到下一个周期才被回收。

另外一个关键性的问题是 GC 又是如何知道哪些对象不再继续使用了呢？这就涉及了 GC 常见的垃圾收集算法。常见的有：引用计数算法、标记清除算法、标记压缩算法、分代收集算法、增量收集算法等。JavaScript 引擎广泛采用的是标记清除算法，不过对于谷歌浏览器 V8 引擎来说，它在该算法的实现细节上也会结合其他的算法。本章主要介绍经典的引用计数算法和标记清除算法。

11.4.8 引用计数算法

引用计数算法（Reference Counting）是一种古老的算法，是早期的 IE 浏览器引擎采用的算法。该算法实现方式简单，它将跟踪每个对象被引用的次数，一旦有引用指向某个对象，该对象的引用次数就加一，当一个引用不再指向该对象时，该对象的引用次数就减一，如果一个对象的引用次数是零，就意味着没有引用指向，该对象便无法再被访问到了，就视为了垃圾对象，因此该对象所占的内存空间就可以被回收，这样一来，当 GC 执行到下一个周期时，就会把那些引用次数为零的对象所占内存空间回收。

引用计数算法实现方式相对简单，但是问题同样存在，那就是循环引用。所谓的循环引用是指 A 对象中包含一个指向 B 对象的引用，同样地，B 对象中也包含一个指向 A 对象的引用。参考下面的代码示例：

```html
<script type="text/javascript">
    var objA = {
        username: 'HelloWorld'
    };

    var objB = {
        username: 'Spring'
    }

    // 相互引用
    objA.ref = objB;
    objB.ref = objA;

    // 目的是释放内存空间
    objA = null;
    objB = null;
</script>
```

在上述代码中，objA 对象和 objB 对象都通过各自身上的 ref 属性相互引用，也就意味着这两个对象的引用次数都是 2。随后，将 objA 和 objB 都设置为了 null，只是表示将这两个引用变量不再指向任何对象，但是 objA 和 objB 这两个对象在堆内存中依然会存在，因为它们自身的 ref 属性依然相互引用，这两个对象的引用次数永远不会是 0，导致内存无法释放。上述程序的内存结构图如图 11-6 所示。

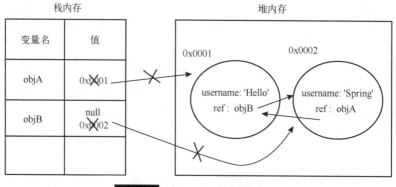

图 11-6 循环引用的内存结构图

11.4.9 标记清除算法

标记清除算法（Mark-Sweep）很好地解决了循环引用的问题，该算法的核心思想是可达性（Reachability），此算法是设置一个根对象（Root Object），垃圾收集器定期地从这个根对象出发找所有从根开始有引用到的对象，对于那些没有引用到的对象，垃圾收集器就视为是不可达的对象，称为垃圾对象，然后就标记为垃圾，随后就收集这些对象并清除。要注意的是，根对象永远不会被收集，根对象在浏览器中是 window 对象，在 NodeJS 中是 global 对象。该算法的内存结构图如图 11-7 所示。

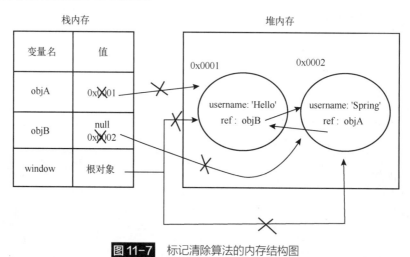

图 11-7 标记清除算法的内存结构图

11.4.10 内存泄漏

所谓的内存泄漏是指 JavaScript 引擎为对象分配的内存空间得不到释放，而我们又无法对该内存进行控制和使用，造成的现象就是内存还在占用，但是垃圾收集器又无法回收。严重情况下，这些无用的内存空间会持续扩大，影响整个系统运行，甚至卡死直至崩溃。

下面列举几种常见的内存泄漏的场景，来帮助大家更好地理解内存泄漏，在工作中要避免该问题。

场景一：循环引用

实际上，在介绍循环引用案例时，就发生了内存泄漏的问题，会发现，即便将 objA 和 objB 设置为 null 之后，堆内存中的这两个对象依然是无法得到释放的，因为在堆内存中两个对象还是互相指向，但是程序无法操作这两个对象了，就导致这两个对象无法操作但又无法释放，造成内存泄漏。

解决办法是手动释放，即需要设置 ojbA.ref=null 和 objB.ref=null，才能让这两个对象真正回收。当然，目前的垃圾回收算法可以很好地解决循环引用的问题，开发者无须关心。

场景二：全局变量

最常见的内存泄漏问题要属将数据作为全局变量的形式了。比如，在全局作用域中通过 var 关键字声明的变量，或者不声明而直接赋值的变量，都会作为 window 对象的一个属性，当然在函数中如果不声明直接赋值的变量也会默认作为全局变量。由于全局变量会存在于整个应用的生命周期，应用不退出就不会回收，所以需要明确不再需要这些全局变量时要主动地设置为 null，这样就保证了垃圾收集器会在某个周期内回收这部分变量所占的内存。在严格模式下，可以避免这个问题发生。

场景三：未被清除的定时器

思考这样的一个场景，假如在某个页面中启动了一个定时器，而定时器内部又使用到了当前页面的某个 DOM 元素或者某个变量，如果当前页面被销毁了，由于定时器还持有当前页面的部分引用从而导致页面并不会正常被回收，而导致内存泄漏。如果再打开相同的页面，其实内存中有两份页面的数据，如果频繁地打开该页面，内存泄漏也会越来越严重。原因就是使用定时器时没有清理。示例代码如下：

```
<body>
    <div id="box">内存泄漏</div>
</body>
<script type="text/javascript">
    var number = 10;
    var divObj = document.querySelector('#box');

    setInterval(function() {
        console.log(number);
        console.log(divObj.innerHTML);
    }, 5000);
</script>
```

场景四：未被清除的 DOM 元素

对于 DOM 元素造成的内存泄漏一般是这样的：如果在获取到 DOM 节点后，把该 DOM 节点存储到了 JavaScript 对象中，比如数组中，此时，同样的 DOM 元素存在两个引用，一个在 DOM 树中，一个在 JavaScript 对象中，这样的话，DOM 节点是否能被回收就是由这两者决定了，所以在页面中把这个 DOM 元素移除的同时，还需要把 JavaScript 对 DOM 元素的使用也设置为 null。示例代码如下：

```
<body>
    <div id="box">
        <h1 id="content">内存泄漏</h1>
    </div>
</body>
<script type="text/javascript">
    var h1Obj = document.querySelector('#content');


    var user = {
        username: 'HelloWorld',
        divObj: h1Obj
    }


    // 将 h1 标签从 DOM 树中移除
    document.querySelector('#box').removeChild(h1Obj);
</script>
```

将页面中的 h1 标签元素移除了，也仅仅是从 DOM 树中移除了该节点，但是全局对象 user 还是保留了对 h1 元素节点的引用，也就是说，h1 元素节点依然还存在于内存中，并不能被 GC 回收。

场景五：使用不当的闭包

现在我们不考虑什么是闭包，首先来看一段程序，代码如下：

```
<script type="text/javascript">
    function outter() {
        var number = 23;
        // 函数内部返回匿名函数，匿名函数持父级作用域的变量
        return function() {
            console.log(number);
        }
    }


    var fn = outter();
    fn();
</script>
```

分析：通常情况下，函数执行完毕之后，函数内部的变量就会被释放回收。以上述代码为例，调用完 outter() 函数之后，该函数内部定义的变量 number 理应当要被回收，但是 outter() 函数内部又返回了一个匿名函数，由于该匿名函数持有外部函数的局部变量的引用，而返回的匿名函数又在全局作用域下，被全局对象所持有，就会导致全局对象不回收，那么匿名函数就不会回收，从而匿名函数内部引用的变量就不会回收，最终的结果就是 outter() 函数虽然执行完了，但是 outter() 函数对象无法被内存回收。

上述代码就是一个典型的闭包案例，特点就是函数内部返回的匿名函数访问了外部函数父级作用域中的变量。关于具体什么是闭包，在本章的 11.5 节会重点介绍。

11.5 闭包

11.5.1 案例思考

需求：定义一个 increment()函数，函数内部有一个累加变量 counter，该函数的作用是每调用一次该函数，使其函数内部的 counter 变量连续地自增一。程序代码如下：

```
<script type="text/javascript">
    function increment() {
        var counter = 0;
        counter++;
        console.log(`counter 的值是:${counter}`);
    }

    increment();
    increment();
    increment();
    increment();
</script>
```

上述程序运行后发现，控制台打印的结果永远是 1，并没有实现 increment()函数调用一次就连续自增一的效果，这是为什么呢？

原因很简单，因为我们每调用一次 increment()函数，就会重新执行函数体，意味着函数内部的 counter 变量就会被重新初始化，所以导致虽然调用了多次，但是并没有实现递增的效果。那么又该如何解决呢？

细心的读者可能会想，既然每调用一次 increment()函数，函数内部的变量 counter 就要被重新初始化一次，调用多次就初始化多次，那应当只让该变量初始化一次就可以了，所以自然地想到把 counter 变量定义在函数的外部，作为一个全局变量使用，这样的话，每调用一次函数，函数内部都使用的是全局变量 counter，而全局变量只有唯独的一份，这样无论调用函数多少次，使用的都是同一份 counter，自然就实现了递增的效果。根据这样的思路，程序如下所示：

```
<script type="text/javascript">
    // 定义全局变量 counter,唯独一份
    var counter = 0;

    function increment() {
        counter++;
        console.log(`counter 的值是:${counter}`);
    }

    // 连续调用多次,控制台实现递增
    increment();
```

```
    increment();
    increment();
</script>
```

运行上述程序之后发现，调用多次 increment()函数，确实实现了对 counter 变量的递增效果。但是，如果一个变量定义为了全局变量，就意味着在程序的任何地方都可以去修改该全局变量，如果修改了全局变量，那么该函数的功能就不再是连续地实现递增了，这并不符合需求。程序如下所示：

```
<script type="text/javascript">
    // 定义全局变量 counter,唯独一份
    var counter = 0;

    function increment() {
        counter++;
        console.log(`counter 的值是:${counter}`);
    }

    increment();
    increment();
    // 在调用函数过程中,修改了全局变量
    counter = 100;
    increment(); // 101
</script>
```

运行上述程序之后发现，在函数调用的过程中，如果修改了 counter 变量的值，下一次再调用 increment 函数时，得到的结果是修改之后的值进行了递增，实现不了连续递增的效果。通过这个案例可以明白，尽量不要去定义全局变量，因为应用范围太大，无意间地修改全局变量会导致实际结果和期望结果不一致，这样一来，排查问题就麻烦得多了。

再来分析一下这个需求，定义的 counter 变量如果能够保证只允许被 increment()函数使用到，即只允许 increment()函数能够对该变量进行修改操作，外部是不能修改的，问题就清晰多了，可以将定义的 counter 变量和 increment()函数作为一个整体被一个外部函数（outter）包裹一层并返回 increment()函数。程序改造如下所示：

```
<script type="text/javascript">
    function outter() {
        var counter = 0;
        return function() {
            counter++;
            console.log(`counter 的值是:${counter}`);
        }
    }

    // 1. 调用外部函数 outter,返回值是一个函数
    var increment = outter();
    // 2. 返回值是一个函数, 意味着可以将返回值以函数方式调用
    increment();
    increment();
```

```
    // 3. 对变量赋值,并不会影响 outter 函数内部的 counter
    counter = 100;
    // 4. 再次调用函数,依然连续递增
    increment();
</script>
```

分析上述代码:在 outter() 函数内部返回了一个匿名函数,并且返回的匿名函数使用到了 outter() 函数内部定义的局部变量 counter。接下来调用了 outter() 函数并用 increment 变量接收,由于 outter() 函数的返回值是一个函数,所以 increment 变量的值就是一个函数,可以用函数的方式去调用,在调用 increment() 函数时,要执行 counter++ 操作,我们知道在函数内部使用变量时优先看自身作用域中是否有该变量,发现并没有,那么就沿着上级作用域查找 counter 变量(即 outter 函数内部定义的局部变量),发现可以找到,那么就使用上级作用域中的 counter 变量进行累加一的操作;接下来,第二次调用 increment() 函数,由于第一次已经把上级作用域 counter 变量的值进行了修改(加一操作),所以本次调用会在第一次修改的基础上,再进行加一操作。以此类推,每次调用 increment() 函数,都是在原来 counter 值的基础上进行操作,自然就实现了连续递增的效果。当然,虽然在全局作用域中重新对 counter 进行了赋值操作,但是根本不会影响 outter 函数内部的 counter 局部变量,因为全局变量是访问不到局部变量的,所以即便重新赋值也是没有任何效果的。

实际上,上述代码中 outter 函数内部的 counter 局部变量和返回的匿名函数就构成了一个闭包。

11.5.2 概述

所谓闭包就是能够访问到外部函数作用域中变量的函数。对于闭包来说,即便在外部函数已经执行完毕的情况下,闭包依然可以访问外部函数的各种局部变量和参数。

闭包的作用如下:
① 使得外部可以访问函数内部的局部变量,延长了变量的作用范围;
② 避免全局变量的使用,可以防止全局变量被污染;
③ 让某些关键变量得以常驻内存,避免被垃圾回收器回收。

构成闭包的必要条件如下:
① 外部函数内部嵌套了内部函数;
② 内部函数访问使用到了外部函数定义的局部变量或者参数;
③ 外部函数的返回值是内部函数(不一定要返回,要根据实际情况),如果外部函数返回了内部函数,那么在外部函数的外面就可以使用变量来接收返回值,可以调用内部函数。

11.5.3 闭包的实现原理

了解了什么是闭包,下面介绍闭包的实现原理。首先来看一段程序并分析程序的运行结果,程序代码如下:

```
<script type="text/javascript">
    var username = 'HelloWorld';
```

```
    function func1() {
        console.log(username);
    }

    function func2() {
        var username = 'Spring';

        // 在 func2() 函数内部调用 func1 函数
        func1(); // 打印结果是 HelloWorld
    }

    func2();
</script>
```

分析：首先定义了全局变量 username，在 func2()函数中调用了 func1()函数，最后调用 func2()函数，发现程序的输出结果是 HelloWorld，可能这个结果与期望的结果不一样。或许会这么想：func1()函数是在 func2()函数内部调用的，那么在 func1()函数访问的 username 变量不应该是 func2()函数中定义的 username 变量吗？所以会想当然地理解为最终的结果应该是 Spring，可是事实却不是这样。

原因：当我们去定义一个函数的时候，作用域就产生了，一个是函数内部的作用域，第二个是函数所在的外部作用域。比如，函数在全局作用域下定义，那么函数的外部作用域就是全局作用域。回到刚刚的案例中，func1()函数是在全局作用域下定义的，那么 func1()函数的外部作用域就是全局作用域，当在 func1()函数中使用 username 变量时，优先从自身的函数作用域中查找，发现没有则去找它的外部作用域，而外部作用域（也就是全局作用域）下有 username 的定义，所以得到的是值是 HelloWorld。也就是说：在函数内部使用一个变量的时候，跟这个函数在哪里调用没有关系，而是跟函数在哪里定义有关系，一旦函数在哪里的定义确定了，那么函数内部的变量访问也就确定了。

理解了上段的描述，再来看看闭包是如何形成的，也就是闭包的原理，看如下程序：

```
<script type="text/javascript">
    // 定义全局变量 username
    var username = 'HelloWorld';

    function func2() {
        var username = 'Spring';
        return function() {
            console.log(username);
        }
    }

    var func1 = func2();
    func1(); // Spring
</script>
```

上述程序得到的结果是 Spring。虽然 func1()函数是在全局作用域下调用的，但是输出的结果并不是全局作用域下定义的 username 变量。因为函数内部在使用变量时跟函数的调用位置无关，跟函数的外部作用域有关，对于 func1()函数来说，它的外部作用域就是 func2()函数作用域，所以自身作用域上没有 username 变量，就要使用外部作用域中 username 的变量值了，即 Spring。

11.5.4　闭包的生命周期

知道了闭包的实现原理，还有问题需要探讨，即闭包是什么时候产生的呢？答案很明显：外部函数调用完毕的时候，闭包就产生了，并且每调用一次外部函数，都会产生一个全新的闭包。那么闭包什么时候被销毁呢？也就是内部的函数什么时候被销毁呢？我们在上一节中讲到了垃圾收集器，知道一个函数对象要被销毁，被垃圾收集器回收，则该函数对象没有任何引用去指向它即可。根据这样的思路，对于闭包的销毁，可以将接收闭包函数的外部变量设置为 null，同时也解决了内存泄漏的问题。程序代码如下：

```javascript
<script type="text/javascript">
    function outter() {
        var number = 23;
        // 函数内部返回匿名函数，匿名函数持父级作用域的变量
        return function() {
            console.log(number);
        }
    }

    var fn = outter();
    fn();

    // 赋值为null,没有引用变量被引用,垃圾回收器回收闭包。
    fn = null;
</script>
```

11.5.5　闭包的应用

● 【案例 11-14】
循环中的点击事件，点击每个 li，在控制台输出 li 的标签体内容。

```javascript
<body>
    <ul><li>赵敏</li><li>张无忌</li></ul>
</body>
<script type="text/javascript">
    var liObjs = document.querySelector("ul").querySelectorAll("li");
    for (var i = 0; i < liObjs.length; i++) {
        // 4个立即执行函数,立即执行函数的参数 i 和事件处理程序构成闭包
        (function(i) {
            liObjs[i].onclick = function() {
                console.log(liObjs[i].innerHTML);
            }
        })(i);
    }
</script>
```

183

- 【案例 11-15】

循环中的定时任务。程序示例如下：

```
<script type="text/javascript">
    for (var i = 0; i < 3; i++) {
        // 循环遍历时,将每个 i 的值作为立即函数的参数 k,这样 k 就是一个函数作用域
        // 立即执行函数的参数 k 和定时器中的回调函数构成了闭包
        (function(k) {
            setTimeout(function() {
                // 内部函数使用了外部函数(立即执行函数)的参数
                console.log(k);
            }, Math.random())
        })(i)
    }
</script>
```

- 【案例 11-16】

在本章 11.3 节的案例 11-6 中，为了设置值和返回值定义了一个全局变量_age，该程序可以改造成使用闭包实现，尽可能地避免使用全局变量。程序示例如下：

```
<script type="text/javascript">
    var user = {
        username: 'HelloWorld'
    };

    // 定义外部函数,形参和内部函数构成了一个闭包环境
    function proxyData(obj, key, value) {
        Object.defineProperty(obj, key, {
            get: function() {
                return value;
            },
            set: function(newValue) {
                value = newValue > 60 ? 18 : newValue;
            }
        });
    }

    proxyData(user, 'age', 10);
    user.age = 64;
    console.log(user.age);
</script>
```

11.6 浅拷贝和深拷贝

深拷贝、浅拷贝相对应地也称深复制、浅复制。简单来说，深拷贝、浅拷贝就是将一个源数据变量复制全新的一份数据变量，这两个变量值的内容是完全一样的。

在 JavaScript 中，数据类型分为基本数据类型和引用数据类型，但是深拷贝和浅拷贝都只是针对引用数据类型来说的，更准确地说，深拷贝、浅拷贝是针对对象 Object 类型和数组

Array 这两种类型进行操作。对于基本数据类型，它的值是存储于栈中的，因为复制的是值本身，所以不涉及深浅拷贝。

注意：无论是浅拷贝还是深拷贝，拷贝的结果对象一定是全新的对象，和原来的对象不是同一个，仅仅是内容相同。

11.6.1 引用赋值

在介绍相关的拷贝内容之前先了解一下引用赋值。首先要明确的是，引用赋值和拷贝并不是一回事，而往往在学习浅拷贝时，很多人都会把引用赋值和浅拷贝混为一谈，其实本质是不一样的。接下来就通过案例来介绍引用赋值。

需求：创建一个对象，将该对象赋值给一个新的变量并修改对象，观察结果。代码如下所示：

```
<script type="text/javascript">
    // 定义源对象
    var obj = {
        username: 'HelloWorld',
        age: 89
    };

    // 引用赋值，将 obj 引用变量的地址赋值给变量 obj2
    var obj2 = obj;
    console.log(obj2);
    console.log(obj2 == obj);

    // 修改 obj2 中 age 的值,测试对源对象是否有影响
    obj2.age = 99;
    console.log(obj2);
    console.log(obj);
</script>
```

分析：把 obj 对象赋值给新变量 obj2，其实赋值的是 obj 对象在栈中的内存地址，并不是堆中的数据。即 obj 和 obj2 两个引用变量指向的是堆中的同一个对象，通过任何一个引用去修改该对象，改变的都是堆中的同一个对象，发现其他引用也受到了影响。具体如图 11-8 所示。

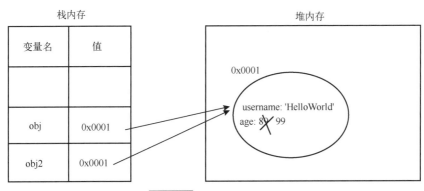

图 11-8 引用赋值内存图

> **总结**：根据图 11-8 描述，对于引用赋值，两个引用变量依然指向的是同一个对象，即内存地址是相同的，所以赋值操作会直接改变源对象，无论该对象中的内容是基本数据类型还是引用类型都会发生改变，这与接下来要介绍的浅拷贝是不同的，同时，引用赋值并不是拷贝操作，因为没有生成一个新的对象。

11.6.2　浅拷贝

既然是拷贝操作，首先会创建一个全新的对象或数组，之后对原来对象的属性或原来数组中的元素进行依次拷贝，返回的结果是全新的对象或数组。无论拷贝的是对象还是数组，都是对第一层属性或元素进行拷贝，如果属性值或元素值是基本数据类型，则把值拷贝一份，互不影响；如果属性值或元素值是引用数据类型，则只会拷贝引用数据类型的内存地址，如此一来，拷贝后的属性值或者元素值一旦发生修改，原来的对象和拷贝后的对象都会有影响。以对象为例，首先来思考下面的代码：

```html
<script type="text/javascript">
    // 定义源对象
    var obj = {
        username: 'HelloWorld',
        age: 29
    };
    // 创建新对象,新对象和源对象的属性和属性值都相同
    var obj2 = {
        username: obj.username,
        age: obj.age
    };

    console.log(obj === obj2);
</script>
```

分析：上述代码中，obj2 和 obj 是两个对象，只是两个对象中属性和属性值是完全一样的，因为 obj2 对象中属性的定义是参照 obj 对象，而 obj2 对象中属性值是来源于 obj。所以也说 obj2 对象是 obj 对象的拷贝。

- **【案例 11-17】**

拷贝对象，并修改拷贝后的对象的属性值，测试对原来的对象是否有影响。代码如下：

```html
<script type="text/javascript">
    // 定义源对象
    var obj = {
        username: 'HelloWorld',
        age: 29
    };
    // 创建新对象,新对象和源对象的属性和属性值都相同
    var obj2 = {
        username: obj.username,
        age: obj.age
    };
```

JavaScript 快速入门与开发实战

```
    // 修改拷贝后的对象中的内容,测试源对象是否有影响
    obj2.age = 89;
    obj2.username = 'Spring';

    console.log(obj2);
    console.log(obj);
</script>
```

分析:程序运行后发现,对象 obj 没有发生改变,原因在于 obj 对象中 username 和 age 是基本数据类型,把栈中的值取出来之后给 obj2 对象的属性赋值,本质是复制的是值本身。具体解释如图 11-9 所示。

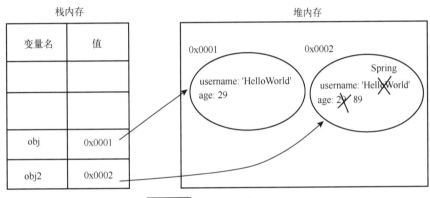

图 11-9 浅拷贝案例 11-17

- 【案例 11-18】

拷贝对象,修改拷贝后对象中的引用类型的属性,测试是否影响原来的对象。代码如下:

```
<script type="text/javascript">
    // 定义源对象
    var obj = {
        username: 'HelloWorld',
        age: 23,
        parent: {
            mother: '小 Hello'
        }
    }

    // 创建新对象,新对象和源对象的属性和属性值都相同
    var obj2 = {
        username: obj.username,
        age: obj.age,
        parent: obj.parent
    };

    // 修改拷贝后对象中的引用类型的属性,测试原来的对象是否有影响
    obj2.parent.mother = '小小 Hello';
```

```
        console.log(obj);
        console.log(obj2);
    </script>
```

分析：程序运行后发现原来对象和拷贝后的对象中 parent 属性对象的 mother 属性值都发生了改变，因为 obj 对象和 obj2 对象中的 parent 属性其实指向的是同一个对象。如图 11-10 所示。

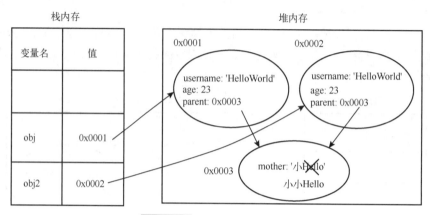

图 11-10 浅拷贝案例 11-18

（1）对象的浅拷贝

方式一：在案例 11-18 中如果源对象有多个属性，那么在进行浅拷贝时，需要把源对象的属性和该属性值依次定义到新创建的对象中，会发现很麻烦，在 ES6 中（本书第 12 章介绍），提供了展开运算符（...）来实现对对象的浅拷贝。程序如下：

```
<script type="text/javascript">
    // 定义源对象
    var obj = {
        username: 'HelloWorld',
        age: 23,
        parent: {
            mother: '小 Hello'
        }
    };

    // 通过展开运算符实现对对象的展开
    var obj2 = {
        ...obj
    };

    // 修改拷贝后对象中的引用类型的属性,测试原来的对象是否有影响
    obj2.parent.mother = '小小 Hello';

    console.log(obj2);
    console.log(obj);
</script>
```

分析：首先介绍下展开运算符，简单来说，就是把对象中的属性依次展开然后封装到一个新的对象中，展开后的新对象和原来的对象内容完全一样。通过测试发现，展开后的对象如果对其属性对象进行修改，同时也会改变原来对象的内容。说明对象的展开也是浅拷贝操作。

方式二：使用 Object.assign()方法实现对象的浅拷贝。该方法在本章 11.3.5 小节已经有所介绍。在此处就不再演示，大家可以自行学习。

（2）数组的浅拷贝

方式一：通过展开运算符（...）也可以实现对数组展开，同样属于 ES6 提供的功能。所谓的数组展开就是将一个数组转换为元素之间用逗号分隔的参数序列。通过数组展开可以快速实现复制一个新数组，同时对于数组展开，复制操作依然是浅拷贝。程序如下：

```javascript
<script type="text/javascript">
    // 源对象
    var arrs1 = [100, [1, 2, 3], {
        username: 'HelloWorld'
    }];

    // 数组展开,完成浅拷贝
    var arrs2 = [...arrs1];

    // 修改基本数据类型
    arrs2[0] = 200;

    // 修改引用类型的数据
    arrs2[2].username = 'Spring';

    console.log(arrs1);
    console.log(arrs2);
</script>
```

分析：程序测试后发现，因为 arrs1 数组中的第一个元素是基本数据类型，所以 arrs2 数组中对第一个元素做修改，并没有影响 arrs1 数组中的第一个元素；同时由于 arrs2 数组中第三个元素是引用数据类型，和 arrs1 的第三个元素指向的是同一个对象，所以对 arrs2 的修改也导致了 arrs1 的变化。可以得出结论：数组的扩展运算符确实是浅拷贝。

方式二：使用数组对象中的 slice()方法实现浅拷贝。程序如下：

```javascript
<script type="text/javascript">
    // 源对象
    var arrs1 = [100, [1, 2, 3], {
        username: 'HelloWorld'
    }];

    // slice()方法完成浅拷贝
    var arrs2 = arrs1.slice();

    // 修改引用类型的数据
    arrs2[2].username = 'Spring';
```

189

```
        console.log(arrs1);
        console.log(arrs2);
    </script>
```

分析：数组的 slice()方法本意是截取的含义，如果使用该方法时不传递任何参数，则相当于截取原数组并返回新的数组对象，也就意味着完成了数组的拷贝操作。此时会发现该方法是一个浅拷贝的方法。

> **总结**：浅拷贝简单来说就是浅浅的拷贝，到底有多浅呢？就是无论是对对象还是数组，都只是拷贝第一层，如果数据是基本的数据类型，则拷贝的是基本数据类型的值，任何一方修改互不影响；如果是引用数据类型，则只是拷贝了引用的地址，无论是哪个引用对该对象进行了修改，对象的改变都会影响到其他引用中。

11.6.3 深拷贝

首先要明确的是，在 JavaScript 中，大部分的操作都是浅拷贝操作，也正是因为如此，在 JavaScript 中，针对对象和数组的深拷贝操作，并没有对深拷贝提供一个很好的支持。而所谓的深拷贝操作，简单来说，就是很深很深的拷贝，到底有多深呢？深拷贝会拷贝多层，哪怕是对象中嵌套了对象，数组中嵌套了数组，也都会完整地拷贝出来，并且拷贝出来的对象和原来的对象内存地址不是同一个，只是内容完全一样而已，相当于深拷贝是完全开辟了一个全新的空间，源对象和拷贝后的对象互不影响，即无论是源对象还是拷贝后的对象发生了修改，都不会影响其他对象。

方式一：通过序列化及反序列的方式实现数组或对象的深拷贝。程序如下：

```
<script type="text/javascript">
    // 定义源对象
    var obj = {
        username: 'HelloWorld',
        age: 23,
        parent: {
            mother: '小 A'
        }
    };

    // 通过序列化和反序列化实现对象的深复制
    var obj2 = JSON.parse(JSON.stringify(obj));

    // 修改拷贝后的对象,测试对源对象的影响
    obj2.username = 'Spring';
    obj2.parent.mother = '小 Hello';

    console.log(obj2);
    console.log(obj);
</script>
```

分析：这种方式大家先记住这种写法即可，关于对象的序列化和反序列化操作，在本章

11.7 节中会重点详解。

　　虽然通过序列化和反序列化确实能够实现对对象或数组的深拷贝，但是这种方式存在一定的缺陷，比如不能对循环引用的对象进行深拷贝。程序如下：

```
<script type="text/javascript">
    // 定义源对象，有循环引用
    var obj = {
        username: 'HelloWorld',
        age: 23
    };
    obj.ref = obj;

    // 序列化和反序列化实现深拷贝不能解决循环引用问题
    let obj2 = JSON.parse(JSON.stringify(obj));
    console.log(obj2);
</script>
```

　　程序在执行时，控制台会报如下错误：提示有循环引用的问题。具体如图 11-11 所示。

```
❌ ▶Uncaught TypeError: Converting circular structure to JSON
    --> starting at object with constructor 'Object'
    --- property 'ref' closes the circle
    at JSON.stringify (<anonymous>)
```

图 11-11　序列化反序列化实现深拷贝的循环引用问题

　　方式二：通过 window 对象身上的 structuredClone()方法实现深拷贝，下面的程序是对数组实现深拷贝。

```
<script type="text/javascript">
    // 定义源对象
    var arrs1 = [10, {
        username: 'qq'
    }];

    // 深复制
    var arrs2 = structuredClone(arrs1);
    arrs2[1].username = 'Spring';
    console.log(arrs2);
    console.log(arrs1);
</script>
```

　　structuredClone()方法不仅可以对数组进行深拷贝，还可以对对象进行深拷贝，程序如下：

```
<script type="text/javascript">
    // 定义源对象
    var obj = {
        username: 'HelloWorld',
        age: 23,
        parent: {
            mother: '小 A',
```

```
        father: '小 B'
      }
  };

  // 深复制
  var obj2 = structuredClone(obj);

  // 修改拷贝后的对象，测试对源对象是否有影响
  obj2.parent.mother = '小 Hello';
  console.log(obj2);
  console.log(obj);
</script>
```

　　至此，关于对象或数组的深拷贝内容就介绍完毕了，下面总结一下深拷贝，即不论原来的对象嵌套有多少层，深拷贝都会完全拷贝一份全新的对象，生成新的内存地址。对原来的对象和拷贝后的对象进行操作，双方互不影响。

　　关于深拷贝还要再补充一点，实际上，关于深拷贝的实现方式不仅仅是以上提到的两种，还有自定义函数通过递归的方式、通过使用第三方库 lodash 方式、通过 jQuery 库的 extend() 方法实现。关于递归的方式实现深拷贝，后续再详细介绍。

11.7 JSON

11.7.1 概述

　　JSON：全称 JavaScript Object Notation，它是 JavaScript 对象的标记方法。通俗地理解为：JSON 就是 JavaScript 对象和数组的字符串的表示方法，用文本的形式表示一个 JavaScript 对象或者数组，因此，JSON 的本质就是一个字符串。

　　什么需求场景下会用文本的形式去表示 JavaScript 中的对象呢？或者说 JSON 什么时候会用到呢？其实 JSON 是用来实现客户端和服务器之间进行数据交换的，是一种轻量级的数据交换格式，就是用来存储和交换数据的。相比较其他的数据交换格式，JSON 体积更小、更快、易于解析。目前 JSON 已经成为主流的数据交换格式了。关于什么是客户端，什么是服务器，什么是数据交换格式，JSON 到底是如何进行数据传输的等等问题，在本章中我们对这块知识内容并不探讨，仅仅学习 JSON 是如何用文本的形式对对象进行描述的，以及后面要学习的对象的序列化和反序列化操作。

　　JSON 对两种类型的对象进行文本化的描述，一是 Object 对象，二是数组 Array 对象。

11.7.2 对象结构

　　在 JSON 中，对象结构的语法是一对 "{}" 花括号，花括号中的内容是 key-value 组成的键值对。要注意的是，键（key）必须使用英文的双引号包裹，值（value）的数据类型只能是数字 Number、字符串 String、布尔值 Boolean、数组 Array、对象 Object 以及 Null 这六种类型。

关于对象结构的 JSON，请看如下代码片段：

```
{
  "id": 5,
  "bookName": "CSS 从入门到精通",
  "price": 70,
  "publish": "××出版社",
  "publishDate": "2021-12-03",
  "author": "周芷若",
  "number": 84
}
```

11.7.3 数组结构

在 JSON 中，数组结构的语法是一对“[]”中括号，中括号中的内容就是定义的一个个的值。要注意的是，这些值的数据类型只能是数字 Number、字符串 String、布尔值 Boolean、数组 Array、对象 Object 以及 Null 这六种类型。

关于数组结构的 JSON，请看如下代码片段：

```
["HelloWorld", 40, {
    "username": "Spring"
}]
```

11.7.4 区分 JSON 和 JavaScript 对象

至此，JSON 的语法内容就介绍完毕了，可以发现，JSON 写法和 JavaScript 中定义对象非常类似，但是一定要明白的是，本质上来说它们是不同的，JSON 只是 JavaScript 对象的字符串的表示法而已。为了让大家更好地去对比 JSON 和 JavaScript 的对象，请看如下程序：

```
<script type="text/javascript">
    // JavaScript 对象
    var p1 = {
        username: 'HelloWorld',
        age: 30
    };

    // JSON 字符串
    var json = '{"username": "HelloWorld", "age": 30}';

    // 控制台打印对比结果
    console.log(p1);
    console.log(json);
</script>
```

程序运行结果可以观察浏览器控制台得到，如图 11-12 所示。

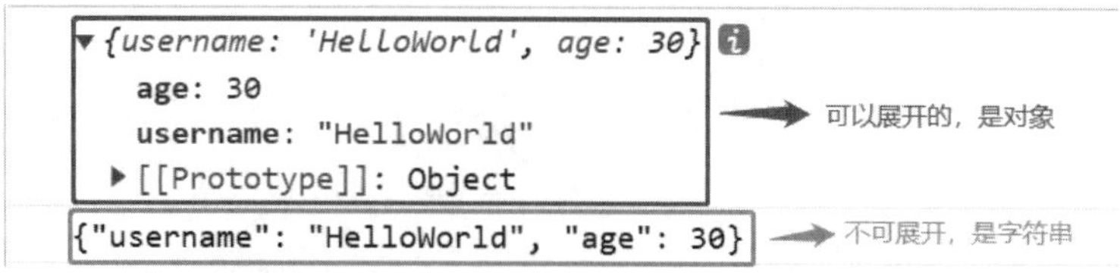

右侧标注：
可以展开的，是对象
不可展开，是字符串

图 11-12 JSON 和 JavaScript 对象的对比

11.7.5 JavaScript 对象和 JSON 相互转换

在 JavaScript 中，能否实现 JavaScript 对象和 JSON 相互转换呢？答案是可以的。

将 JavaScript 对象转换为 JSON 格式的字符串的过程叫作序列化；将 JSON 格式的字符串转换为 JavaScript 对象的过程叫作反序列化。要实现 JavaScript 对象和 JSON 的相互转换，需要借助 window 对象身上的 JSON 属性对象来完成。

注意：JSON 属性对象在 IE7 及以下的浏览器中不支持，在这些浏览器中使用时会报错。

序列化：将 JavaScript 对象转换为 JSON 格式的字符串。

```html
<script type="text/javascript">
    // JavaScript 对象
    var p1 = {
        username: 'HelloWorld',
        age: 30
    };
    // 将 JavaScript 对象转 JSON 字符串
    var JSON = JSON.stringify(p1);
    console.log(json);
</script>
```

反序列化：将 JSON 格式的字符串转换为 JavaScript 对象。

```html
<script type="text/javascript">
    // 定义 json 字符串
    var json = '{"username": "Java", "age": 80}';
    // 将 JSON 格式的字符串转 JavaScript 对象
    var p1 = JSON.parse(json);

    console.log(p1);
</script>
```

11.7.6 JSON 使用时的注意事项

至此关于 JSON 的知识点内容就介绍完毕了，最后关于 JSON 在书写时的语法要求，列举如下：

① 键（key）必须用英文的双引号包裹起来；

② 字符串类型的数据必须用英文的双引号包裹起来；

③ 数字类型的数据必须是整数或小数，不能是 NaN、Infinity 这样的值；

④ 对象结构和数组结构的相互嵌套，可以表示各种复杂的对象表示形式；

⑤ 值可以是 null，但是不能是 undefined 或函数；

⑥ JSON 中不允许写注释。

11.8 常见算法

算法英文是 Algorithm，所谓的算法，简单来说就是解决问题的方法、步骤、逻辑。为什么要学习算法呢？我们知道编程的一个目的就是为了解决现实生活中的问题，而对于同样的一个问题可能存在不同的解决办法。下面通过一个案例来体会一下什么是算法，以及对不同的算法之间的区别有个感性的认识，从而带来些许启发。

● 【案例 11-19】

电脑和路由器用一根十米的网线通信，若网线不通了，该如何快速定位到是网线的哪一截出了问题呢？

思路一：采用线性查找法，以网线的一端开头，一米一米地排查，最终一定能找到问题的线段。

思路二：采用二分法查找，从中间位置开始排查，分别查看是哪一端的问题，找到有问题的一端后，再从有问题的一端再从中间位置分开，重新查找，依次类推，逐步缩小范围。

> **总结**：哪种思路解决问题的效率高自然不言而喻了，同样的问题，解决的办法有很多，而好的办法总能提高效率。对于程序来说也是如此，好的算法相比较差的算法来说，执行的效率会有很大的不同。

算法是程序的灵魂，学好算法对于编程开发来说很重要。本章就介绍开发中常见的四种算法。

11.8.1 冒泡排序

需求：有一个数组，数组中保存着每个学生的成绩，请设计一个算法，能够按照从小到大的顺序排序。解决该需求的思路如下：

① 比较相邻的元素，如果第一个元素比第二个元素大，就交换，即小的往前排，大的往后排；

② 接着依次比较随后的相邻元素，直到最后一对元素，则此时比较之后最后的元素一定是这一轮比较中最大的元素；

③ 再从头开始依次比较相邻元素，最后一个元素不参与比较；

④ 持续上述过程，每经过一轮比较，总是能找到该轮中最大的元素，并且在下一轮中最大元素不参与比较；

⑤ 直到没有任何的一对元素可以进行比较了，则比较结束。

以上就是实现数组从小到大的排序思路，而这种实现排序的思路就称之为冒泡排序（Bubble Sort），属于最基本的交换排序。之所以叫作冒泡排序，是因为每一个元素都像池塘里面一个小气泡一样，从底部往上冒泡，小的元素不断"浮"到数组的最前面。

总结： 冒泡排序的原理是比较相邻的元素，将值大的元素交换到右边。

关于冒泡排序在 JavaScript 中的实现方式，请看如下的代码：

```
<script type="text/javascript">
    // 将冒泡排序的算法添加到数组的原型对象身上。
    Array.prototype.bubbleSort = function() {
        for (var i = 0; i < this.length - 1; i++) {
            for (var j = 0; j < this.length - 1 - i; j++) {
                if (this[j] > this[j + 1]) {
                    var temp = this[j + 1];
                    this[j + 1] = this[j];
                    this[j] = temp;
                }
            }
        }
    }

    var arrs = [48, 32, 69, 71, 98, 66, 29, 44, 99, 84];
    arrs.bubbleSort();
    console.log(arrs);
</script>
```

11.8.2 选择排序

需求：有一个数组，数组中保存着每个学生的成绩，请设计一个算法，能够按照从小到大的顺序排序。解决该需求的思路如下：

① 找到数组中最小值的元素；

② 将该最小值的元素与数组中的第一个元素交换位置（可能数组中的第一个元素就是最小元素，则和自己交换位置）；

③ 在剩余的数组元素中找到最小的元素，并且将该最小元素和数组中的第二个元素交换位置；

④ 重复上述步骤，直到整个数组排好顺序。

以上就是实现数组从小到大的排序思路，而这种实现排序的思路就称之为选择排序（Selection Sort），也是一种很直观的排序方式。

总结： 选择排序的原理就是每轮去找最小（最大）元素，找到后，就依次放在数组中的第一个元素、第二个元素……直到数组排好顺序。

关于选择排序在 JavaScript 中的实现方式，请看如下的代码：

```
<script type="text/javascript">
    // 将选择排序的算法添加到数组的原型对象身上。
    Array.prototype.selectionSort = function() {
        for (var i = 0; i < this.length - 1; i++) {
            var index = i;
```

```
            for (var j = i + 1; j < this.length; j++) {
                if (this[j] < this[index]) { //寻找最小的数
                    index = j; //将最小数的索引保存
                }
            }
            var temp = this[i];
            this[i] = this[index];
            this[index] = temp;
        }
    }

    var arrs = [81, 67, 34, 56, 88, 79, 91, 66, 78, 45];
    arrs.selectionSort();
    console.log(arrs);
</script>
```

11.8.3 二分法查找

需求：有一个排好序的数字数组，请设计一个算法，查找指定的值在数组中的索引，找不到则返回-1。解决该需求的思路如下：

① 首先确保该数组是一个有序的数组，要么从大到小，要么从小到大；

② 接着从数组的中间位置找到对应的值与要查找的值进行比较，如果相等，则查找成功，直接结束；

③ 否则中间值要么比查找的值要大，要么比查找的值要小，利用这一点，可以将数组拆分成大小两个子数组；

④ 之后假设查找的值比中间值大，那么就从大数组中继续从中间位置查找特定的值，重复上述步骤；

⑤ 如果找不到，则返回-1。

以上就是实现从有序数组中查找特定的值，而这种实现就称之为二分法查找（Binary Search）。二分法查找也叫折半查找，是一种在有序数组中查找特定元素的搜索算法，查找速度快，比较次数少，但是缺点就是要求必须有序，并且插入删除元素困难。所以二分法查找适用于查找频繁而又不经常改动的数组。

关于二分法查找在 JavaScript 中的实现方式，请看如下的代码：

```
<script type="text/javascript">
    // 将二分法查找的算法添加到数组的原型对象身上。
    Array.prototype.binarySearch = function(elementKey) {
        var low = 0
        var high = this.length - 1
        while (low <= high) {
            var mid = parseInt((low + high) / 2)
            if (elementKey > this[mid]) {
                low = mid + 1
            } else if (elementKey < this[mid]) {
```

```
            high = mid - 1
        } else {
            return mid
        }
    }
    return -1
}

var arrs = [10, 18, 34, 67, 89, 102, 128, 152, 186];
var index = arrs.binarySearch(152);
console.log(index);
</script>
```

11.8.4 递归

首先来思考现实生活中的一个场景，比如现在有一个十斤的大西瓜，要怎么吃呢？很明显，再喜欢吃西瓜的人也不可能一口就完整吃下，所以往往会选择把西瓜切开，一分为二，发现还是太大了，那么就继续切，直到切到能够一嘴一小块为止，待把每个一小块一小块的西瓜吃完，那么整个大西瓜也自然就吃完了。在面对吃西瓜这类问题时，不能一下子解决，便对问题进行拆分，拆分成能够解决的小问题为止，这种思想就叫作递归。

递归是一种解决问题的方法，递归的思想就是在面对一个大问题时，若不能直接解决，便把问题分解为一个一个相似的小问题，从解决问题的各个小问题开始，直到解决最初的大问题。

对于递归来说，通常是一个函数调用自身，简单来说，就是函数不断地调用自己。这样就会存在一个问题，函数不断调用自身就会形成死递归，所以对于递归来说，必须要有一个出口条件（不再递归调用自身的条件）。

需求：计算 5!（5 的阶乘），使用递归的方式实现。

分析：要直接计算 5!，很显然这个大问题无解，但是我们知道的是 5!=4!×5，要计算 4!不好计算，但是我们知道的是 4!=3!×4，这样依次对问题进行分解，最终我们知道的是 1!=1。通过对大问题逐步分解成小问题以达到能够解决小问题的目的，最终将大问题解决。

实现代码如下：

```
<script type="text/javascript">
    // 递归函数
    function factorial(num) {
        if (num === 1) {
            return 1;
        }
        return factorial(num - 1) * num;
    }

    var result = factorial(5);
    console.log(result);
</script>
```

关于上述阶乘递归案例的执行流程，如图 11-13 所示。

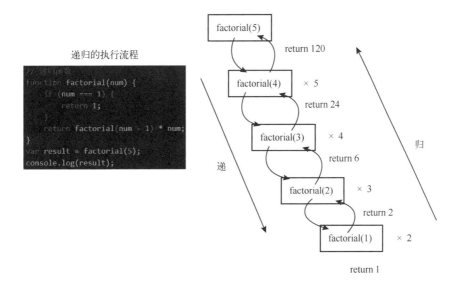

图 11-13　递归执行流程

11.9　防抖和节流

在 JavaScript 中，防抖和节流都是用来优化高频率执行 JavaScript 代码的一种手段，目的是提高程序的性能。防抖和节流在日常开发中是需要经常处理的，如果放任不管甚至会导致浏览器卡死，所以对防抖和节流还是非常有必要重点掌握的。当然，两者虽然都是属于性能优化的技术内容，但本质上还是有所区别的。下面就正式开始学习。

11.9.1　防抖　

首先来思考日常生活中的一个场景，使用百度搜索，将要搜索的关键词输入到百度输入框中，随后百度会返回和输入的关键词所匹配的联想词汇，这些联想词汇是经过百度内部搜索得到的。比如希望搜索的关键词是"JavaScript"，则这个过程如下：

① 输入"J"后，一旦监控到触发了输入事件，就会处理该事件，向百度发起网络请求，百度会实时地返回与"J"相关的联想词汇；

② 接下来，继续输入"a"，那么文本框中的内容是"Ja"，只要存在输入，就会产生输入事件，再一次发起网络请求，检索与"Ja"相关的词汇；

③ 接下来，继续输入"v"，同样的，继续发起网络请求；

④ 当完整输入完"JavaScript"关键词之后，一共发起了十次网络请求。

分析：如果采取的是上述方式实现关键词搜索，会发现在搜索过程中程序发送了大量的请求，可是事实上真的需要这么多次的网络请求吗？

结论：实际上并不需要，其实不需要一输入就发起网络请求，合理的做法是在一个合适的时间点或者是合适的情况下再发送网络请求。设想一种情况，如果用户输入得足够快，直接输入"JavaScript"，那么此时只需要发送一次网络请求；再不济的情况下，如果用户在输入完"Java"之后停顿了一下，那么这个时候也确实应该发送一次网络请求。总之，不能只要有输入就发起请求，这样会大大降低系统的性能，而应该尽量避免发送太多的无效请求。再深度思考分析，如果要解决这个问题，思路可以这样：假设在 1000ms（即 1s）时间内，如果没有发生要触发的输入事件，那么再发送网络请求。这样的操作就是经典的防抖（debounce）操作。

所谓的防抖，就是当持续地在触发某一事件时，在指定的一个时间段内没有再触发事件，事件处理函数才会执行一次，如果在设定的时间到来之前，再一次触发了事件，则重新延迟计时。

下面就来深入地理解一下防抖的过程，如图 11-14 所示。

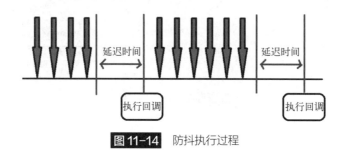

图 11-14　防抖执行过程

根据图 11-14，解释防抖的执行过程：

① 当事件触发时，与事件对应的处理函数（回调函数）并不会立即执行，而是会延迟一定的时间；

② 如果在指定的延迟时间到来之前，又再一次触发了事件，则重新开始延迟；

③ 在指定的延迟时间内依然没有事件触发，才会真正执行回调函数。

防抖原理：防抖是通过设置定时器 setTimeout 的方式延迟执行，当连续的事件被触发时，每一次都会重置定时器，只有在指定的时间段内没有事件被触发，才会真正执行回调函数，进行业务处理。当然，如果在指定的时间段内触发了事件，则又会重新计算函数延迟执行的时间。

防抖的应用场景：

① 输入框中频繁地输入内容，要搜索、判断内容的合法性时；

② 频繁地点击按钮，触发某个事件；

③ 监听浏览器的滚动事件，完成某些特定的操作；

④ 用户缩放浏览器的 resize 事件。

● 【案例 11-20】

页面上有一个文本框，文本框中可以接收用户的输入，模拟发送网络请求的操作。该操作需要防抖功能的支持。

分析：要监控文本框的输入事件，即 input 事件；防抖需要借助 setTimeout 函数实现，可以指定延时时间是 1000ms；防抖函数的作用本质就是对要操作的功能进行延时包装后再返回。

关于案例的程序代码的具体实现如下所示：

```
<body>
    请输入关键词：<input type="text"></input>
```

```
</body>
<script type="text/javascript">
    // 1. 获取输入框节点
    var inputObj = document.querySelector('input');

    // 2. 给输入框绑定的输入事件
    inputObj.addEventListener('input', debounce(function() {
        console.log('发起网络请求检索关键字:' + inputObj.value + '.....');
    }, 1000));

    // 3. 对输入的事件提供防抖支持
    function debounce(fn, delay) {
        // 3.1 定义定时器的 Id,作用是保存上一次的定时器
        var timerId = null;

        // 3.2 真正的事件处理函数
        var _debounce = function() {
            // 3.2.1 如果在不断地触发事件,则取消上一次的事件操作
            if (timerId) {
                clearTimeout(timerId);
            }
            // 3.2.2 开启定时器,延迟指定的 delay 时间去执行对应的 fn 函数
            timerId = setTimeout(function() {
                // 调用传递过来的执行函数，往往是业务操作
                fn();
                // 函数执行完毕之后,记得重置为 null
                timerId = null;
            }, delay);
        };
        // 4. 返回新函数
        return _debounce;
    }
</script>
```

关于函数防抖，最基本的功能就实现完毕了，防抖函数更高级的写法，比如事件传参、事件返回值、立即执行等功能，都是在防抖基本功能的实现基础上完成的。对于防抖的操作，代码中很明显地使用了函数闭包的内容。关于函数防抖具体的开发步骤和编写思路，上述代码在实现时已经做了非常详细的步骤描述说明，希望大家好好理解。

11.9.2 节流

关于节流，再来举一个小时候玩的坦克大战的游戏。在坦克大战游戏中，设定的规则是按下空格键就可以发射一颗子弹。但是经常有这样的操作，即便按下空格键的频率很快，但子弹也会保持一定的频率来发射，比如规定了在 1s 内只允许发射一次，那即使用户在这 1s 内按下了 100 次，子弹同样会保持 1s 发射一颗子弹。事件触发了 100 次，但是执行的函数只触发了一次，这个操作就是经典的节流（throttle）操作。

所谓的节流，就是当持续触发事件时，在一个固定的时间周期内，只会调用一次事件处理函数。通俗地说，即便事件在持续触发，它依然会每隔一定时间就只执行一次，有新的事件触发也不会执行。如果固定的时间周期结束了，又有事件触发，则开始新的周期。节流与防抖最大的区别是无论事件触发多么密集，都可以保证在固定的周期内只会执行一次执行函数。

下面来深入理解一下节流的过程，如图 11-15 所示。

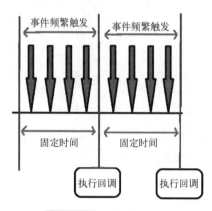

图 11-15 节流执行过程

根据上述图，解释下节流的执行过程：

① 当事件触发时，会执行这个事件的回调函数；

② 即便这个事件被频繁触发，节流函数依然会按照一定的频率来执行函数；

③ 无论在这个固定的周期内有多少次触发这个事件，执行函数的频率总是固定的。

节流原理：节流的核心是时间间隔，在设定的固定时间间隔内如果依然存在密集的触发事件，也不会执行。此时控制时间间隔的方式有两种：一是 setTimeout 延时定时器，二是利用 Date 日期。

● 【案例 11-21】

监听页面滚动来模拟获取更多数据，用延时定时器实现节流操作。程序代码如下所示：

```html
<body style="height:3000px">
</body>
<script type="text/javascript">
    // 1. 监听滚动事件
    window.addEventListener('scroll', throttle(function() {
        console.log('获取了最新的数据:' + Math.random());
    }, 1000));

    // 2. 定义节流函数
    function throttle(fn, delay) {
        // 2.1  标志标量,假设现在没有正在获取数据
        var isLoading = false;

        return function() {
            // 2.2  如果现在正在获取数据,则直接返回
            if (isLoading) return
```

```
            // 2.3  表示正在获取数据中
            isLoading = true;

            setTimeout(function() {
                // 2.4  执行获取数据的业务操作
                fn();
                // 2.5  标志变量重置,表示数据获取完毕
                isLoading = false;
            }, delay);
        }
    }
</script>
```

分析：上述代码使用到了一种假设思想，首先定义了一个标志变量 isLoading，初始值为 false，表示当前没有执行获取最新数据，之后如果用户触发了页面滚动事件，将该标志变量设置为 true，表示当前正在获取最新数据，待数据获取完毕后，将重置该变量。在这个过程中，哪怕用户在不停地滚动页面触发滚动事件，但在真正执行操作之前判断 isLoading 是否为 true，如果为 true 则直接返回，此时并不会真正执行获取最新数据的操作。

● 【案例 11-22】

监听页面滚动来模拟获取更多数据，用 Date 日期实现节流操作。程序代码如下：

```
<body style="height:3000px">
</body>
<script type="text/javascript">
    // 1. 监听滚动事件
    window.addEventListener('scroll', throttle(function() {
        console.log('获取了最新的数据:' + Math.random());
    }, 1000));

    // 2. 定义节流函数
    function throttle(fn, delay) {
        // 2.1  定义开始时间
        var start = new Date().getTime();

        // 2.2  返回执行函数
        return function() {
            // 2.2.1  获取当前时间毫秒数
            var now = new Date().getTime();
            // 2.2.2  等待时间
            var waitTime = delay - (now - start)

            if (waitTime <= 0) {
                // 执行业务操作，获取数据
                fn()
                // 设置当前时间作为起始时间
                start = now
            }
```

```
        }
    }
</script>
```

分析：使用了 Date 日期进行计算实现固定时间间隔的控制，原理本质和定时器是一致的。在实际开发中，更常见的操作是类似于定时器这种方式实现。

11.9.3 防抖和节流的对比

关于防抖和节流所有的内容都介绍完毕了，对于初学者来说，这两个概念非常容易混淆，下面就对防抖和节流做个对比总结。

防抖和节流都是对高频动作触发回调函数的一个优化，在代码编写上也非常类似，但是使用的场景还是有所不同。防抖适用的典型场景是文本框内容输入，节流适用的典型场景是页面滚动事件。

防抖的原理是内部有一个定时器，在指定的一个时间段内没有再触发事件，事件处理函数才会执行一次，否则会清除上一次的定时器，重新计算事件处理函数延迟执行的时间。

节流的原理是判断是否达到指定的时间来触发事件，在这个固定的周期内事件只会被触发一次。

11.10 WebStorage 存储方案

11.10.1 概述

思考一个问题，当程序执行完毕之后，程序的运行结果到哪里去了呢？很显然结果我们并没有保存，而是程序执行完毕以后消失了。那么有没有一种方式，可以将程序的运行结果存储起来呢？答案是有的，这种方式就是 WebStorage。

WebStorage 是 HTML5 提供的本地存储的解决方案，特点是采用 key-value 的存储模式，作用就是在 Web 端实现存储数据的功能。同时，WebStorage 存储数据的空间大，存储的数据只针对客户端本地，对服务器没有任何影响。

11.10.2 分类

WebStorage 分为两种：一是 sessionStorage，二是 localStorage，这两个是 Storage 的一个实例对象。顾名思义，localStorage 是将数据一直保存在客户端本地，而 sessionStorage 是将数据保存在了 session 中，存储于浏览器会话中，意味着浏览器关闭之后，存储在 sessionStorage 中的数据也就丢失了。要注意的是，不管是 localStorage 还是 sessionStorage，它们身上的方法都是一样的，在学习时重点掌握两者的区别。常用的方法，如下所示：

① setItem(key,value)：以键值对的形式存储数据；

② getItem(key)：根据指定的 key 获取对应的数据值；

③ removeItem(key)：根据指定的 key 删除单个数据；

④ clear()：清空所有的数据。

对于 localStorage 和 sessionStorage 来说，存储的数据只能是字符串类型的数据，如果要存储对象或者数组类型的数据，需要使用 JSON 对象进行序列化操作。

11.10.3　localStorage

localStorage 是没有时间限制的方式，存储数据是永久有效的，除非明确删除了数据，否则即便关闭了浏览器，数据也不会丢失。

下面是对 localStorage 存储数据及获取数据的常用方法介绍，请看如下代码示例：

```javascript
<script type="text/javascript">
    // 1. 保存数据
    window.localStorage.setItem('token', 'guoguo');
    window.localStorage.setItem('password', '123456');

    // 2. 获取单个数据
    let token = window.localStorage.getItem('token');
    console.log('token:' + token);

    // 3. 根据指定的 key 删除数据
    window.localStorage.removeItem('token');

    // 4. 清空
    window.localStorage.clear();
</script>
```

通过浏览器开发者工具"应用"选项卡，查看本地存储空间，如图 11-16 所示。

图 11-16　本地存储 localStorage

11.10.4　sessionStorage

sessionStorage 保存在 session 对象中，存储数据的有效期是在浏览器打开期间，浏览器一旦关闭，数据就会丢失。存储在 sessionStorage 中的数据可以跨页面刷新而存在；在页面内跳转，sessionStorage 中存储的数据会保留。

对 sessionStorage 存储数据及获取数据的常用方法介绍请看如下代码示例：

```
<script type="text/javascript">
    // 1. 保存数据
    window.sessionStorage.setItem('token', 'guoguo');
    window.sessionStorage.setItem('password', '123456');

    // 2. 获取单个数据
    let token = window.sessionStorage.getItem('token');
    console.log('token:' + token);

    // 3. 根据指定的 key 删除数据
    window.sessionStorage.removeItem('token');

    // 4. 清空
    window.sessionStorage.clear();
</script>
```

通过浏览器开发者工具"应用"选项卡，查看会话存储空间，如图 11-17 所示。

密钥	值
IsThisFirstTime_Log_From_LiveServer	true
password	123456
token	guoguo

图 11-17 会话存储 sessionStorage

11.10.5 自定义工具类封装

由于对于 WebStorage 存储方案来说，只支持字符串类型的数据存储，不支持对象或数组方式，所以在存储对象数据时就需要 JSON 序列化操作，同时要获取对象数据，还需要进行反序列化操作，对于这样的操作，应该封装起来，这样对于使用者来说就简单多了。对于要封装的代码，主要是提供对数据的存储、查询、删除和清空功能。

具体如何封装，请看如下的代码示例：

```
<script type="text/javascript">
    // 定义构造函数，目的是创建 storage 对象
    function MyStorage(isLocal) {
        this.storage = isLocal ? window.localStorage : window.sessionStorage;
    }

    // 设置数据
    MyStorage.prototype.setData = function(key, value) {
```

JavaScript 快速入门与开发实战

```
        if (key) {
            this.storage.setItem(key, JSON.stringify(value));
        }
    };
    // 获取数据
    MyStorage.prototype.getData = function(key) {
        if (key) {
            var value = this.storage.getItem(key);
            return JSON.parse(value);
        }
    };

    // 清空
    MyStorage.prototype.clear = function() {
        this.storage.clear();
    }

    // 根据指定的 key 删除
    MyStorage.prototype.removeData = function(key) {
        if (key) {
            this.storage.removeItem(key)
        }
    }

    // 测试
    var myStorage = new MyStorage(true);
    var user = {
        username: 'HelloWorld'
    }
    // 保存 User 对象
    myStorage.setData('user', user);
</script>
```

11.11 经典案例

11.11.1 Vue2 响应式原理简单实现

众所周知，Vue 框架作为 JavaScript 前端的编程框架，在目前软件开发市场上有着极高的使用度，Vue 之所以会如此流行，是得益于 Vue 提供的响应式。什么是响应式呢？简单来说，响应式就是数据发生了改变，那么视图会跟着更新，也就意味着只需要关心如何去改变数据，操作数据，视图随之更新，再也不需要通过获取节点对象来设置节点的内容了，核心的关注点是数据。接下来利用本节学习的知识，去初步简单地实现 Vue 的响应式，本小节以 Vue2 版本的响应式为例进行实现。代码如下：

```
<body>
    <div id="app">
        姓名：<p id="username"></p>
        年龄：<p id="age"></p>
    </div>
</body>
<script type="text/javascript">
    // 定义数据
    var user = {
        username: 'HelloWorld'
        age: 21
    };
    function proxyData(target, key, value) {
        // 1. 获取页面上对应的以 key 为 id 的节点
        var nodeObj = document.querySelector('#' + key);
        Object.defineProperty(target, key, {
            get: function() {
                nodeObj.innerHTML = value;
                return value;
            },
            set: function(newValue) {
                value = newValue;
                nodeObj.innerHTML = value;
            }
        });
    }
    // 遍历对象,使其每个属性都具备响应式
    for (var key in user) {
        proxyData(user, key, user[key]);
    }
</script>
```

程序的测试效果, 如图 11-18、图 11-19 所示。

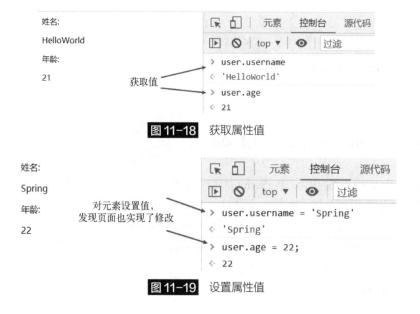

图 11-18 获取属性值

图 11-19 设置属性值

思路分析：首先定义一个目标对象数据，之后对该对象数据进行循环遍历，把该对象中的属性都设置为响应式，具体方式是在 proxyData 函数中实现。proxyData 函数中封装了对对象属性的访问和设置的功能逻辑，对属性操作进行了拦截，从而实现在获取和设置属性值时是 DOM 操作。

11.11.2　递归实现深拷贝

深拷贝操作可以使用 structuredClone() 方法实现，对于深拷贝操作来说，拷贝的对象的数据类型都是引用数据类型，主要是 Object 和 Array。由于一个对象可以嵌套的层次很深，所以要完全实现深拷贝就需要使用递归的方式来实现。实现深拷贝的思路如下：

① 拷贝必须得到一个新的对象，新对象的类型取决于被拷贝对象的数据类型，可能是数组也可能是对象，可以通过 Array.isArray() 进行判断，首先要创建新对象。

② 循环源对象，拿到源对象的每一个元素或者是 key-value 的属性对，判断其属性值或元素值，如果是基本数据类型，则直接赋值；如果是引用数据类型，则先去再次创建该引用数据类型的对象或数组，然后继续遍历该引用数据类型，获取元素值或属性值，再周而复始地判断，很明显形成了递归调用。

递归实现深拷贝对象，程序代码如下：

```
<script type="text/javascript">
    // 需求：判断一个值是否是对象类型
    function isObject(value) {
        const valueType = typeof value;
        return (value !== null) && (valueType === "object" || valueType ===
"function");
    }

    // 深拷贝
    function deepCopy(value) {
        // 1.如果是原始类型，直接返回
        if (!isObject(value)) {
            return value
        }

        // 2.如果是引用数据类型，则需要根据具体类型创建数组或对象
        const newResult = Array.isArray(value) ? [] : {}
        for (const key in value) {
            newResult[key] = deepCopy(value[key]);
        }
        return newResult
    }

    // 测试对象
    let user = {
        username: 'HelloWorld', age: 21,
        parent: {
```

```
        mother: '小 Hello', parent: '大 Hello'
      },
      address: ['郑州', '北京']
    };

    // 测试对象
    let newUser = deepCopy(user);
    console.log(newUser);
</script>
```

程序运行测试之后，可以得到一个全新的对象，并且得到的全新对象和原有对象内容完全一样，完成了深拷贝。对于目标数据是数组类型感兴趣的读者可以自行尝试测试。

小结

本章主要介绍了 JavaScript 的高级内容，接下来做个简单的小结。

① 介绍了 JavaScript 的严格模式，所谓的严格模式就是可以让浏览器以更加严谨的方式去执行 JavaScript 代码，开启严格模式需要使用"use strict"语法，和普通模式相比，严格模式在使用上是有所不同的；

② 介绍了 bind 函数可以改变函数内部 this 的指向，与 call/apply 相比，bind 方式对原函数的拷贝并不会立即执行，需要调用拷贝后的函数对象才可以执行；

③ 介绍了对象的增强，对于 Object.defineProperty()方法，尤其需要额外地加以重视，Vue2 框架的响应式原理本质就是该方式实现的；

④ 介绍了 JavaScript 的内存管理机制，介绍了堆栈结构以及垃圾收集器，同时介绍了引用计数算法和标记清除算法两种垃圾回收算法；

⑤ 介绍了函数中比较难以理解的闭包，所谓的闭包就是嵌套函数中，内部函数使用到了外部函数的局部变量，通过闭包，延长了函数中局部变量的生命周期；

⑥ 介绍了深拷贝、浅拷贝，要明确的是，不管具体是哪种拷贝，都是针对引用数据类型，并且深拷贝、浅拷贝一定会得到一个全新的对象，这点要和引用赋值区别开，同时在实际开发中，浅拷贝使用会居多；

⑦ 介绍了 JSON，所谓的 JSON 就是 JavaScript 对象字符串的描述方法，本质是一个字符串，要注意 JSON 的语法形式以及 JSON 和 JavaScript 对象之间的相互转换；

⑧ 介绍了常用的冒泡排序、选择排序、二分法查找及递归算法；

⑨ 介绍了防抖和节流技术点，不管是面试还是实际开发中，都是需要处理的，只不过我们是自己手动实现的，当前也有其他的第三方库来实现防抖和节流；

⑩ 最后介绍了 WebStorage 存储方案，相比较其他的存储方式，比如 cookie，HTM5 提供的存储方案更易于使用，优点也更多。

第12章
ES6新特性

12.1 概述

12.1.1 为什么要学习 ES6

ES6 全称是 ECMAScript6 或 ECMAScript2015，它是 JavaScript 语言的下一代标准，由 ECMA 国际标准化组织制定，在 2015 年 6 月正式发布。

ES6 的目标是使 JavaScript 编程语言可以用于编写复杂的大型应用程序，成为企业级开发语言。

ES6 的出现也是为了解决 ES5 的不足，而每一次标准的发布都意味着语言的不断完善。现在在企业主流使用的前端框架中，Vue、React、Angular 三大框架，都会使用到 ES6 提供的新特性，所以对于 ES6 的学习也就成了学习框架的必修课。

12.1.2 ECMAScript 的历史

对于技术的学习，新特性的提出，我们还是有必要去了解该门技术的发展历程，下面做一个简单的介绍：

- 最初，网页以 HTML 为主，纯静态网页，只关注页面内容和样式；
- 1995 年，网景公司设计了 JavaScript 编程语言；
- 1996 年，微软发布了 JScript；
- 1997 年，ECMA（欧洲计算机制造商协会）为了统一不同的 script 脚本语言，以 JavaScript 语言为基础，制定了 ECMAScript1.0；
- 1998 年 6 月，ECMAScript2.0 发布；
- 1999 年 12 月，ECMAScript3.0 发布，这时 ECMAScript 规范相对完善和稳定，在业界得到了广泛支持；

- 2007 年 10 月，ECMAScript4.0 草案发布，这次更新历时颇久，规范的新内容有很多争议，ECMAScript4.0 版本的很多更新比较激进，改动较大。最后经过讨论，将改动不那么大的部分保留发布为 ECMAScript3.1 版本，而对于 ECMAScript4.0 的新内容，则延续到了 ECMAScript5.0 和 ECMAScript6.0 版本中；
- 2009 年 12 月，ECMAScript5.0 发布；
- 2015 年 6 月，ECMAScript6.0 发布，并且从 ECMAScript6.0 开始，开始采用年号做版本，即 ECMAScript2015；
- 2016 年 6 月，ECMAScript6.1 发布；
- 2017 年 6 月，ECMAScript2017 发布；
- 2018 年 6 月，ECMAScript2018 发布；
......

ES6 是一个泛指，是一个历史名词，泛指 ECMAScript2015 及后续的版本，而 ECMAScript2015 是标准名词，特指在 2015 年发布的正式版本的标准语言。所以本书中介绍的 ES6 新特性，不单纯是指 2015 年发布的版本，而是指 2015 年及其以后发布的版本内容，请各位读者知晓。

12.1.3　ECMAScript 和 JavaScript 的关系

ECMAScript 和 JavaScript 到底是什么关系，下面做一个统一的说明。

ECMAScript 是一套语言的标准和规范，由 ECMA 组织制定，而 JavaScript 是这套标准的具体实现者。由于对于目前 ECMAScript 标准来说，只有 JavaScript 编程语言实现了，所以可以通俗地理解为 ECMAScript 就是 JavaScript。

12.1.4　结束语

关于 ES6 的介绍就阐述到这里，对于 ES6 新特性内容的学习，后面的章节会逐一讲解，下面就开启 ES6 的精彩学习之旅吧。

12.2　变量和常量

12.2.1　var 定义变量的问题

在 ES6 之前，定义变量用 var 关键字，但使用 var 关键字定义变量有一个问题：var 关键字定义的变量没有块级别的作用域，而是函数级作用域，这样在使用变量时就成了全局变量，看如下代码示例：

```
<script type="text/javascript">
    if (true) {
        var username = 'HelloWorld';
    }
```

JavaScript 快速入门与开发实战

```
        console.log(username);
    </script>
```

程序执行完毕,在控制台会输出:"HelloWorld",虽然把变量 username 定义在了一对"{}"中,但是在外部依然可以访问。

下面再看一道经典面试题,程序代码如下:

```
<script type="text/javascript">
    var arr = [];
    for (var i = 0; i < 2; i++) {
        // 给数组中的每一个元素赋值, 值是一个函数
        arr[i] = function() {
            console.log(i);
        }
    }

    arr[0](); // 2
    arr[1](); // 2
</script>
```

程序执行完毕发现,程序打印的并不是我们期望的结果,而是全部打印的是"2"。这是什么原因呢?其实就是在于"i"变量是一个全局变量,详细的解释如图 12-1 所示。

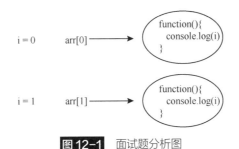

i = 0   arr[0] ——→ function(){
                        console.log(i)
                      }

i = 1   arr[1] ——→ function(){
                        console.log(i)
                      }

图 12-1 面试题分析图

分析:在程序循环的过程中,为数组的每个元素赋值,该值是一个函数,仅仅表示的是当前数组中的每个元素值是一个函数,但是该函数并不会执行(因为函数要去执行必须调用),所以当循环结束之后,调用函数时,打印的结果是最新的"i"的值,因为"i"本身是一个全局变量,循环退出,"i"依然保留。

12.2.2 let

为了解决 var 关键字定义变量的问题,在 ES6 中引入了变量新的定义方式,使用 let 关键字,也就是说,以前是通过 var 关键字声明的变量今后一律改成 let 关键字去声明变量。

通过 let 关键字声明的变量有三大特点。

(1) 变量不能重复定义

```
<script type="text/javascript">
    let username = 'HelloWorld';
    // 控制台会报错
```

```
    let username = 'HelloWorld';
</script>
```

（2）不存在变量提升

```
<script type="text/javascript">
    console.log(username);
    let username = 'HelloWorld';
</script>
```

使用 let 关键字定义的变量，不能先使用后定义，即不存在变量提升。

（3）定义的变量是块级作用域

```
<script type="text/javascript">
    if (true) {
        let username = 'HelloWorld';
    }
    console.log(username);
</script>
```

程序运行完毕之后，会报错，提示："username 变量没有定义"。

注意：对于第 12.2.1 小节中所介绍的面试题，只需要把 for 循环中的 var 关键字修改成 let 关键字即可获得期望的结果。

12.2.3 const

需求：定义一个变量，但是这个变量的值一旦赋值之后不允许改变，这种不能改变值的变量在 JavaScript 编程语言中称之为常量。在 ES6 之前，要定义常量是有些麻烦的，在 ES6 中要定义常量非常简单，只需要用 const 关键字即可。

用 const 关键字定义的变量称之为常量，常量的值是不能修改的。常量有以下特点：

① 不允许重复声明；

② 块级作用域；

③ 值不允许修改；

④ 在定义的同时必须赋值。

常量的使用细节，如下程序示例：

```
<script type="text/javascript">
    const x = 34;
    console.log(x);

    // 会报错，x 又被重新赋值了
    x = x + 1;
    console.log(x);
</script>
```

程序执行完毕之后，控制台报错，含义是不允许重新给常量赋值，也就是说，常量的值是不能修改的。理解了这一点，下面再看一个程序示例：

```
<script type="text/javascript">
```

```
    const arrs = [10, 20, 30, 40];
    console.log(arrs);
    // 将数组的第一个元素的值改为：Spring
    arrs[0] = 'Spring';
    console.log(arrs);
</script>
```

分析：首先定义了一个常量数组，之后对数组中的第一个元素进行了修改，程序运行完毕之后，发现并没有报错，而是正常地把数组进行了打印，这是为什么呢？

结论：实际上，使用 const 关键字定义的常量需要进行分别讨论，如果将一个基本数据类型的值赋值给常量，那么这个常量的值是不能被修改的；但是将一个引用类型的值（常见的是对象和数组）赋值给常量，则这个常量指向的是内存地址，内存地址不可改变，但是内存地址所指向的对象或者数组元素中的值依然是可变的。下面再来看一个示例程序：

```
<script type="text/javascript">
    const arrs = [10, 20, 30, 40];
    console.log(arrs);

    // 程序报错，不能给 arrs 重新赋值
    arrs = 'HelloWorld';
    console.log(arrs);
</script>
```

分析：程序执行，控制台报错，原因是 arrs 变量指向的是一个数组，arrs 的值其实是数组对象的内存地址，之后又将一个字符串赋值给 arrs 这个变量，导致 arrs 这个变量的值不再是指向数组的内存地址，而是新的字符串值，所以就报错。

12.3 字符串扩展

12.3.1 新增方法

在 ES6 中，新增了比较常用的五个方法，如下所示。

① includes(参数字符串)：判断传递的参数字符串是否在指定的字符串中，返回布尔值。

② startsWith(参数字符串)：判断传递的参数字符串是否是以指定的字符串开头，返回布尔值。

③ endsWith(参数字符串)：判断传递的参数字符串是否是以指定的字符串结尾，返回布尔值。

④ repeat(整数值)：根据给定的整数值对字符串重复指定次数，返回新的字符串。

⑤ replaceAll(子字符串,新字符串)：在字符串中用一些字符替换另一些字符。

对字符串方法扩展的程序代码示例如下：

```
<script type="text/javascript">
    let str = 'HelloWorld';
```

```
    let b1 = str.includes('hello');
    console.log(b1);

    let b2 = str.startsWith('hello');
    console.log(b2);
</script>

<script type="text/javascript">
    let str = 'HelloWorld';

    let b1 = str.endsWith('World');
    console.log(b1);

    let b2 = str.repeat(3);
    console.log(b2);

    // 用字符'A'把 str 字符串中的 'l' 全部替换
    let b3 = str.replaceAll('l', 'A');
    console.log(b3);
</script>
```

12.3.2 模板字符串

在 ES6 之前，如果要定义一个很长很长的字符串，一屏放不下，通常的做法是换行，同时还需用"+"号进行字符串拼接，编写起来非常麻烦，在 ES6 中引入了模板字符串来解决这个问题。对于模板字符串，语法是使用成对的反引号表示。示例代码如下所示：

```
<script type="text/javascript">
    let str = `
        <tr>
            <th>图书 id</th>
            <th>图书名</th>
            <th>作者</th>
            <th>出版社</th>
            <th>价格</th>
            <th>发布时间</th>
        <tr>
    `;

    console.log(str);
</script>
```

说明：在反引号中的文本可以任意换行，不受限制。

对于模板字符串，还有一个非常重要的应用，是对于字符串和变量的拼接，同样的，在早期需要通过使用"+"号来完成，但在拼接的过程中极易出错。在 ES6 中，模板字符串提供了一种全新的方式，通过"占位符"的语法形式来完成，用"${}"来表示，示例代码如下：

```
<script type="text/javascript">
    let username = 'HelloWorld';
    let age = 23;
    let address = '北京市';

    // >> 传统方式，"+"号进行拼接
    let str1 = '我的名字是' + username + ',年龄是' + age + ',家庭地址是' + address;
    console.log(str1);

    // >> 模板字符串方式，${}占位符
    let str2 = `我的名字是${username},年龄是${age},家庭地址是${address}`;
    console.log(str2);
</script>
```

说明："${}"占位符中"{}"可以编写任何 JavaScript 表达式。

12.3.3 其他方法扩展说明

对于字符串来说，ES6 之后的版本还提供了一些其他的方法，比如 padStart()、padEnd()、trimStart()、trimEnd()等，这些方法大家可以自行阅读字符串的 API 进行学习。

12.4 变量的解构赋值

ES6 允许按照一定的模式，从数组和对象中去提取值，然后将提取的值赋值给变量，这个过程称之为解构赋值。

12.4.1 对象解构

所谓的对象解构，就是使用变量名去匹配对象的属性，也就是说，根据定义的变量名从指定的对象中提取具有相同名称的属性，将属性值直接赋值给该变量。示例代码如下：

```
<script type="text/javascript">
    let user = { username: 'HelloWorld', age: 20 };

    // 对象解构
    let {username, age } = user;
    console.log(username, age);
</script>
```

关于对象解构，会发现定义的变量名也就是对象中的属性名称，只有这样，才能从对象中正确提取出属性的值，否则返回 undefined。若想使用自定义的名称来获取对象的属性值，语法可以使用"："来定义别名，示例代码如下：

```
<script type="text/javascript">
    let user = { username: 'HelloWorld', age: 20 };
```

```
    // >> 使用：设置新的别名
    let { username, age: myAge} = user;
    console.log(username, myAge);
</script>
```

说明：上述代码中，age 是属性名，myAge 是自定义的变量名称，表示的含义是从 user 对象中提取 age 的属性值，然后将值赋值给定义的 myAge 变量。

注意：如果设置了别名，那么以后对该属性值的访问就必须通过别名的方式了。

12.4.2　数组解构

在 ES6 之前，要获取数组中的元素值只能通过下标的方式；在 ES6 中，可以通过数组解构的方式来获取元素值。所谓的数组解构，是按照一一对应的关系从数组中提取值，然后将提取的值再一一赋值给对应的变量。示例代码如下：

```
<script type="text/javascript">
    let arrs = [10, 20, 30];

    // >> 数组解构:一一对应从数组中提取,将10赋值给x,20赋值给y,30赋值给z
    let [x, y, z] = arrs;
    console.log(x, y, z);
</script>
```

需要说明的是，这里的"一一对应"关系并不是说数组中有多少个元素，定义的变量就需要有多少个，两者是可以不一致的，示例代码如下：

```
<script type="text/javascript">
    let arrs = [10, 20, 30];
    let [x, y] = arrs;
    console.log(x, y); // 只是打印 10 和 20
</script>
```

12.4.3　函数参数列表中的解构赋值

可以在函数参数列表中使用解构赋值，同时，也不会影响到 arguments 对象。示例代码如下：

```
<script type="text/javascript">
    let user = { username: 'HelloWorld', age: 23 };

    // 函数参数用对象解构表达式
    function print({ username, age}) {
        console.log(`姓名是${username},年龄是${age}`);
    }

    print(user);
</script>
```

12.4.4 复杂对象的解构

对于复杂的对象类型，只要按照规则也是可以实现嵌套解构的，示例代码如下：

```
<script type="text/javascript">
    let arrs = [10, [70, 90], {username: '张三', age: 34 }, 100];

    // >> 按照一定的模式嵌套解构
    let [num, [x, y], {username}] = arrs;

    console.log(num, x, y, username)
</script>
```

12.5 函数扩展

12.5.1 剩余参数

在 JavaScript 中，调用函数时传递的实际参数的个数是可以多余函数声明时形参的个数的，在 ES6 中，可以将多余传递的实际参数以数组的形式传递给剩余参数。

剩余参数也叫 rest 参数、可变参数，语法形式是"...参数名"，其中"参数名"是一个数组，剩余参数的出现就是用来代替函数内部的 arguments 对象的。剩余参数非常适合用于函数的参数个数不确定的情况，同时还要注意，剩余参数必须要作为函数参数列表的最后一个参数。

需求：定义一个函数，该函数的作用是实现至少两个数的和。程序示例代码如下：

```
<script type="text/javascript">
    function sum(num1, num2, ...args) {
        let result = num1 + num2;

        // 多余出来的实际参数以数组的形式接收
        for (let i = 0; i < args.length; i++) {
            result = result + args[i];
        }
        return result;
    }
    let result = sum(10, 20, 30, 40);
    console.log(result);
</script>
```

12.5.2 函数参数默认值

需求：定义一个函数，接收两个参数，该函数的功能是实现两个字符串的拼接，如果第二个参数不传递，则默认拼接"HelloWorld 真棒"。在 ES6 之前，函数的功能需要这样定义，代码如下：

```
<script type="text/javascript">
    function joinStr(str1, str2) {

        // 如果 str2 参数不存在并且值不是空字符串
        if (!str2 && str2 !== '') {
            str2 = 'HelloWorld真棒';
        }
        return str1 + str2;
    }
</script>
```

此时需要对传入的参数进行判断，如果参数不存在（没有传入）并且参数的值不是一个空字符串那么就给予默认值，否则就正常地做拼接操作即可。在 ES6 中，要实现这样的需求，可以使用函数参数默认值来实现，代码如下：

```
<script type="text/javascript">
    function joinStr(str1, str2 = 'HelloWorld真棒') {
        return str1 + str2;
    }
</script>
```

12.6 箭头函数

12.6.1 箭头函数的写法

在 ES6 中关于函数的写法，引入了一种新的方式，就是箭头函数。实际上箭头函数就是匿名函数，是对原有匿名函数的简写。关于箭头函数的写法，请看下面的代码示例：

```
<script type="text/javascript">
    // >> 匿名函数
    let sum = function(num1, num2) {
        return num1 + num2;
    }
    // >> 箭头函数
    let sum = (num1, num2) => {
        return num1 + num2;
    }
</script>
```

从上述代码中可以看出，箭头函数的写法可以这样记忆：首先把 function 关键字删除，然后在函数的参数和函数体之间插入"箭头"即可。接下来就从箭头函数的参数和函数体两方面展开讨论。

JavaScript 快速入门与开发实战

12.6.2　箭头函数的参数说明

箭头函数中，如果有且只有一个形参，那么小括号可以省略。示例代码如下：

```
<script type="text/javascript">
    // >> 没有参数，()不能省略
    let info = () => {
        console.log('info 箭头函数');
    }


    // >> 函数的参数只有一个，()可以省略
    let run = username => {
        console.log(username + '真棒!');
    }


    // >> 函数的参数有一个以上，()不能省略
    let sum = (num1, num2) => {
        console.log('两个数的和:' + (num1 + num2));
    }
</script>
```

12.6.3　箭头函数的函数体说明

如果函数体内有且仅有一条语句，并且该语句返回一个值，则"{}"和 return 关键字可以省略。

```
<script type="text/javascript">
    let sum = (num1, num2) => {
        return num1 + num2;
    }


    // 等同于上面的写法
    let sum = (num1, num2) => num1 + num2;
</script>
```

如果函数体是一条表达式语句，比如函数调用，则"{}"可以省略。

```
<script type="text/javascript">
    let info = () => {
        alert('HelloWorld真棒!');
    };


    // 函数体的 {} 可以省略
    let info = () => alert('HelloWorld真棒!');
</script>
```

如果函数体有多条语句，此时"{}"不能省略。

12.6.4 箭头函数中的 this

箭头函数除了使定义函数简便之外，还有一个非常重要的作用就是 this 的使用。

在普通函数中，this 的指向跟调用该函数的对象有关系，谁调用了这个函数，函数中的 this 就是谁。

在箭头函数中，没有自己的 this，也就是说，箭头函数不绑定 this，但是如果要在箭头函数中使用 this，那么 this 指向的是箭头函数所在定义位置中的 this。换句话说，箭头函数定义在哪里，箭头函数中的 this 就指向谁，即箭头函数 this 指向声明时所在作用域下的 this。更加通俗的说法是箭头函数里的 this 指向的是定义这个箭头函数时外层代码的 this。箭头函数不会改变 this 的指向，箭头函数利用 this 的这个特性，在回调函数中使用非常合适。

下面看一道程序题，问题是：单击页面上的按钮后，在按钮的单击事件处理程序中，控制台打印的结果会是什么？程序如下所示：

```html
<body>
    <button>点击我</button>
</body>
<script type="text/javascript">
    function User(username) {
        this.username = username;
        this.btnObj = document.querySelector('button');
        // 给页面上的按钮绑定单击事件
        this.btnObj.onclick = function() {
            console.log(this.username);
        }
    }

    let user = new User('张三');
    console.log(user.username);
</script>
```

单击按钮之后，程序运行的输出结果是"undefined"，原因也很简单，该按钮单击的事件处理程序中的 this 指向谁呢？很明显是按钮，因为这个函数调用是按钮这个对象触发的，而按钮对象身上根本就没有 username 属性，所以打印的结果是 undefined。如果把事件处理程序这个函数的定义改造成箭头函数又会怎么样呢？请看下面的程序示例：

```html
<body>
    <button>点击我</button>
</body>
<script type="text/javascript">
    function User(username) {
        this.username = username;
        this.btnObj = document.querySelector('button');
        // 事件处理程序改造成箭头函数
        this.btnObj.onclick = () => {
            console.log(this.username);
```

```
        }
    }

    let user = new User('张三');
    console.log(user.username);
</script>
```

单击按钮运行程序发现控制台输出的结果是"张三"，此时才是期望的结果。原因是箭头函数没有自己的 this，箭头函数的 this 指向的是所在定义位置的 this，也就是外层代码的 this，而外层代码的 this（构造函数中的 this）指向的是 new 出来的实例对象，而实例对象身上有 username 属性，所以执行的结果当然就是"张三"了。

12.6.5　箭头函数的注意事项

箭头函数虽然也是函数，但是箭头函数和普通函数在使用上还有其他的区别需要注意，有以下几点：

① 箭头函数中不能使用 arguments 对象接收实参；

② 箭头函数不能作为构造函数实例化对象；

③ 在通过字面量的方式创建对象时，该对象的方法不要定义成箭头函数，因为 this 指向的不是字面量对象。

12.7　简化对象写法

在 ES6 中对象有了更加简便的写法，体现在两个方面，一是省略同名的属性值，二是省略定义方法的关键字 function。

12.7.1　对象的变量属性简写

关于对象的定义，请看下面的程序示例：

```
<script type="text/javascript">
    let username = 'Spring';

    // 定义对象
    let p1 = {
        username: username
    };
    console.log(p1.username);

    // ES6 定义对象的简化形式
    // >> 属性名和表示属性值的变量名同名,此时可以省略同名的属性值
    let p2 = {
        username
```

```
    }
    console.log(p2.username);
</script>
```

> **总结**：在定义属性时，如果属性名和表示属性值的变量名同名，则可以省略同名的
> 属性值。

12.7.2 对象的函数属性简写

在对象中定义方法，本质是用 function 定义的函数，在 ES6 中定义对象，function 关键字可以省略，示例代码如下：

```
<script type="text/javascript">
    let user = {
        username: 'HelloWorld',
        age: 23,
        // 方法的简写形式,可以省略 function
        info() {
            console.log(this.username + '--' + this.age);
        }
    }

    user.info();
</script>
```

12.8 数组对象的方法扩展

在 ES6 中对于数组新增了十个 API 方法，其中一个常用的方法"includes()"已经在 8.8.4 数组对象小节中介绍过了，在此就不再叙述了。对于新增的方法，下面介绍比较常用的几种。

12.8.1 find 方法

作用：查找数组中第一个符合筛选条件的元素，如果数组中找到了符合筛选条件的元素，则返回第一个符合条件的元素，就停止查找，如果没有找到，则返回 undefined。示例代码如下：

```
<script type="text/javascript">
    let arrs = [11, 33, 56, 78, 20];

    // 查找数组中第一个符合筛选条件的元素
    let result = arrs.find(function(item) {
        return item % 2 === 0;
    });
    console.log(result);
</script>
```

12.8.2 findIndex 方法

作用：查找数组中第一个符合筛选条件的元素下标，当查找到符合条件的元素后，就停止查找，并返回符合筛选条件的第一个元素下标索引，否则返回-1。示例代码如下：

```
<script type="text/javascript">
    let arrs = [11, 33, 56, 78, 20];

    // 查找数组中第一个符合筛选条件的元素下标
    let index = arrs.findIndex(function(item) {
        return item % 2 === 0;
    });
    console.log(index);
</script>
```

12.8.3 of 方法

作用：简单来说，可以将多个散列的数值转换为一个数组，该方法的作用就是弥补构造函数 Array 的不足，因为对于构造函数 Array 来说，参数个数的不同，在去创建数组实例对象时，作用也是不同的。对于数组的 of 方法，如果不传递参数，则返回一个空数组。示例代码如下：

```
<script type="text/javascript">
    // of()方法：将散列的数值转换为数组

    let arrs1 = Array.of();
    console.log(arrs1);

    let arrs2 = Array.of('HelloWorld', 10, 20, 90);
    console.log(arrs2);
</script>
```

12.8.4 from 方法

作用：将两种类型的对象转换为数组。这两类对象分别是：

① 类似于数组的对象，也称为伪数组对象，这种对象的特点是具有 length 属性和若干个索引属性；

② 可迭代的对象，可以获取对象中的元素。

关于数组的 from 方法，请看如下的代码示例：

```
<script type="text/javascript">
    // from()：将两种类型的对象转换为数组

    // >> 方式一：将伪数组转换为真实数组
```

```
let obj = {
    0: 'HelloWorld',
    1: 'Spring',
    2: 10,
    length: 3
};

let arrs = Array.from(obj);
console.log(arrs);

// >> 方式二: 可迭代的对象
let str = 'HelloWorld';
let arrs2 = Array.from(str);
console.log(arrs2);
</script>
```

12.9 展开运算符

展开运算符又叫扩展运算符，语法形式是三个点（...），展开运算符是针对数组和对象进行操作的运算符。接下来重点讲解数组展开和对象展开两种情况。

12.9.1 数组展开

数组展开是通过展开运算符将一个数组转换为元素之间用逗号分隔的参数序列。示例代码如下：

```
<script type="text/javascript">
    // 数组展开
    // >> 将数组用逗号一个一个地分隔成序列
    let arrs1 = [11, 22, 33, 44, 11];
    console.log(...arrs1);

    // >> 数组合并
    let arrs2 = [...[1, 2, 3], ...['HelloWorld', 'Spring']];
    console.log(arrs2);
</script>
```

对于数组展开，需要注意的是，通过展开运算符可以实现对数组的复制，但要明确的是，对于数组的第一层来说，如果是基本数据类型则是直接获取该元素的值，如果是引用数据类型则是浅复制。示例代码如下：

```
<script type="text/javascript">
    // 数组展开
    let arrs1 = [11, 22, 33, {
        username: 'HelloWorld'
    }];
```

```
    // 将 arrs1 数组复制为一个新数组
    let arrs2 = [...arrs1];
    console.log(arrs2);

    // 修改 arrs2 数组中的基本数据类型
    arrs2[0] = 10;
    console.log(arrs2);
    console.log(arrs1);

    // 修改 arrs2 数组中的引用数据类型
    arrs2[3].username = 'Spring';
    console.log(arrs2);
    console.log(arrs1);
</script>
```

12.9.2 对象展开

使用展开运算符实现对象展开，可以展开对象中的所有属性，合并成一个新的对象。示例代码如下：

```
<script type="text/javascript">
    // >> 源对象
    let source = {
        username: 'HelloWorld'
    };
    // 目标对象
    let target = {
        ...source,
        address: '北京市'
    };
    console.log(target);
</script>
```

对于对象展开，需要注意的是，通过展开运算符可以实现对对象的合并，但要明确的是，对于对象展开运算符，对象的第一层属性数据如果是基本数据类型，则是直接获取该属性值，如果是引用类型则是浅复制。示例代码如下：

```
<script type="text/javascript">
    // >> 源对象
    let source = {
        username: 'HelloWorld',
        parent: {
            mother: '小 Hello'
        }
    };

    // 目标对象
```

```
        let target = {
            ...source,
            address: '北京市'
        };

        // 修改源对象的 username 属性：基本数据类型
        source.username = 'Spring';
        console.log(source);
        console.log(target);

        // 修改源对象的 parent 属性：引用数据类型
        source.parent.mother = '大 Hello';
        console.log(source);
        console.log(target);
</script>
```

12.10 class 类

class 类在其他面向对象编程语言中并不陌生，但是在 ES6 之前，JavaScript 编程语言中是没有 class 类的，早期都是通过定义构造函数和原型的方式去模拟 class 类。

时至今日，ES6 的出现，引入了 class 关键字来定义类，通过 class 关键字定义的类作为创建实例对象的模板。但需要强调的是，class 类的本质是基于原型 prototype 的实现方式的进一步封装，背后依然是使用的原型和构造函数。ES6 的 class 定义类可以看作只是一个语法糖，大部分的功能都仍然可以使用 ES5 去实现，只不过通过 class 关键字定义类要比通过构造函数加原型的方式在书写上更加直观而已。

12.10.1 定义类

下面通过 ES6 中提供的 class 关键字来定义一个类，语法形式如下：

```
<script type="text/javascript">
    // 定义 Person 类
    class Person {

    }

    // 通过创建的 Person 类去实例化对象
    let p1 = new Person();
    console.log(p1);
</script>
```

上述代码完成了类的定义，或者说类的声明。要注意的一点是，类的声明不会提升，一定要先定义类，再去使用类，并且定义的类名首字母要大写。

还需要知道的是，class 关键字定义的类可以看成是构造函数的一种写法，测试程序代码如下：

```html
<script type="text/javascript">
  // 定义 Person 类
 class Person {

 }

 // 测试定义的 Person 类的本质
 console.log(typeof Person); // function
 console.log(Person === Person.prototype.constructor); // true
</script>
```

从上述代码的运行结果可以看出，类的数据类型就是一个函数类型，定义的类本质就是构造函数。

12.10.2 类的构造方法

如何定义类已经介绍完毕了，下面来思考一个问题：类是对象的模板，类是对公共对象的抽象描述，对象是有属性和方法的，那么在通过 class 关键字定义的类中，如何去定义实例对象身上的属性呢？此时就引出了一个非常重要的方法：constructor 方法，即构造方法。这个方法是一个特殊的方法，并且每个类都必须要有一个这样的方法，如果在定义类时，没有显式地定义 constructor 方法，那么 js 引擎会默认添加一个空的 constructor 方法。

constructor 构造方法的作用：创建实例对象，同时完成实例对象的初始化操作。该 constructor 方法需要通过 new 关键字去调用，并且该方法会返回 new 出来的实例对象，同时一个类只能有一个 constructor 构造方法，否则会报错。

总之，constructor 构造方法的作用就是用来创建对象，完成对对象的属性定义及初始化。示例代码如下：

```html
<script type="text/javascript">
   // 定义 Person 类
   class Person {
     // 构造方法，定义属性
     constructor(username, age) {
       // 向创建的实例对象身上添加属性
       this.username = username;
       this.age = age;
     }
   }

   // 实例化对象
   let p1 = new Person('HelloWorld', 23);
   console.log(p1.username + ',' + p1.age);
</script>
```

当通过 new 关键字去创建类的实例对象时，类的 constructor 构造方法就会执行，该构造方法会把传递的参数进行接收，同时为当前创建的实例对象动态添加属性及实现属性的赋值。

12.10.3 实例对象的方法

对象的定义不仅有属性，还有方法，属性需要定义在 constructor 构造方法中，方法则需要定义在类中。示例代码如下：

```
<script type="text/javascript">
    // 定义 Person 类
    class Person {
        // 定义实例方法
        info() {
            console.log('我是实例方法 info');
        }
    }
</script>
```

在上述代码中，在 Person 类中定义了一个 info 方法，该方法其实是定义在了 Person 原型对象身上，同时这个方法也是所有实例对象所共享的。下面是对于一个类的完整的定义，请看如下代码示例：

```
<script type="text/javascript">
    // 定义 Person 类
    class Person {
        // 构造方法，定义属性
        constructor(username, age) {
            this.username = username;
            this.age = age;
        }

        // 定义实例方法,本质是在 Person 原型对象身上
        info() {
            console.log(`姓名是:${this.username},年龄是:${this.age}`);
        }
    }

    let p1 = new Person('HelloWorld', 23);
    p1.info();
</script>
```

12.10.4 静态属性和静态方法

上文中所介绍的都是实例属性和实例方法，只能被实例对象所调用。除了实例属性和实例方法之外，还可以定义一种直接使用类名访问的属性和方法，称之为静态属性和静态方法，静态属性和静态方法使用 static 关键字进行修饰，而且只能通过类名去调用。示例代码如下：

```
<script type="text/javascript">
    // 定义 Person 类
```

```
class Person {
    // 静态属性
    static classNo = '一年级甲班';
    // 静态方法
    static getClassNo() {
        return '班级编号是' + Person.classNo;
    }
}
console.log(Person.getClassNo());
</script>
```

12.10.5 继承

在 ES6 之前，要实现继承，可以使用原型继承、call 方式继承、对象冒充等方式，而在
ES6 中，可以使用 extends 关键字实现继承。下面详细介绍关于继承的使用及特点。示例代码
如下：

特点一：父类有的，子类也有。

```
<script type="text/javascript">
    // 定义父类
    class Parent {
        constructor(username) {
            this.username = username;
        }
        info() {
            console.log('姓名是:' + this.username);
        }
    }

    // 定义子类
    class Child extends Parent {

    }

    let c1 = new Child('张三');
    c1.info();
</script>
```

特点二：父类没有的，子类可以添加。

```
<script type="text/javascript">
    // 定义父类
    class Parent {}
    // 定义子类
    class Child extends Parent {
        eat() {
            console.log('Child 在吃饭');
        }
    }
```

```
    }
    let c1 = new Child();
    c1.eat();
</script>
```

特点三：父类有的，子类可以改写。

```
<script type="text/javascript">
    // 定义父类
    class Parent {
        eat() {
            console.log('Parent 在吃饭');
        }
    }

    // 定义子类
    class Child extends Parent {
        eat() {
            console.log('Child 在吃饭');
        }
    }

    let c1 = new Child();
    c1.eat();
</script>
```

总结：所谓的继承，就是子类可以去继承父类中定义的属性和方法，那么子类就具有了相应的属性和方法，并且子类还可以定义自己独特的属性和方法，同时，对于父类中已经定义的方法，子类还可以改写。

对于继承，还有一个关键字 super 需要重点学习。代码如下所示：

```
<script type="text/javascript">
    // 定义父类
    class Parent {
        constructor(username) {
            this.username = username;
        }
    }
    // 定义子类
    class Child extends Parent {
        constructor(username, age) {
            super(username);
            this.age = age;
        }
    }
</script>
```

super 可以理解为父类对象类型的引用，用来表示父类型的对象，相当于父类中的 this。要注意的是，super 只能在继承类中使用，并且只能在继承类的 constructor 构造方法、实例方

JavaScript 快速入门与开发实战

232

法和静态方法中使用。如果要在 constructor 构造方法中使用，则必须要调用 super 函数去调用父类的构造方法并且必须要在 this 之前去调用，否则程序会报错（必须要先有父类对象，再有子类对象）。

super 用在静态方法和实例方法中读者可以自行尝试，只需要知道，在子类中的方法中要去访问父类的方法，就需要明确地使用 super 关键字去调用父类的方法。

12.11 Set

12.11.1 概述

ES6 提供了新的数据结构：Set（集合），本质和数组类似，都是用来存储一组数据，区别在于 Set 集合中保存的值是唯一的、不可重复的。

12.11.2 创建 Set 集合

创建 Set 集合并添加元素，常用的方式有两种：一是通过 add 方法，二是通过数组。示例代码如下：

```
<script type="text/javascript">
    // >> 方式一：通过 add 方法添加元素
    let set1 = new Set();
    set1.add('HelloWorld');
    set1.add(90);
    set1.add('A');
    set1.add(90);
    set1.add('C');
    console.log(set1);

    // >> 方式二：通过数组创建集合
    let arrs = [23, 'HelloWorld', 23, 'Spring'];
    let set2 = new Set(arrs);
    console.log(set2);
</script>
```

通过程序运行结果可以得出两个结论：
① 添加到 Set 集合中的元素是唯一的；
② 通过构造一个数组去创建一个 Set 集合，可以实现对数组快速去重的目的。

12.11.3 常用方法和属性

Set 集合同时也提供了很多好用的方法和属性，如表 12-1 所示。

方法或属性	说明
has(元素)	方法，从集合中判断指定的元素是否存在
delete(元素)	方法，从集合中删除指定的元素
clear()	方法，清空集合
size	属性，计算集合中元素的个数

关于 Set 集合常用的方法和属性，请看如下的代码示例：

```
<script type="text/javascript">
    let set = new Set();

    set.add('HelloWorld');
    set.add(90);
    set.add('A');
    set.add(90);
    set.add('B');

    // 判断一个元素是否在一个集合中
    console.log(set.has(90));

    // 删除一个元素
    console.log(set.delete(90));

    // 清空
    console.log(set.clear());

    // 计算集合中元素个数
    console.log(set.size);
</script>
```

12.11.4　遍历方式

Set 集合实现了迭代器接口，可以有三种方式实现遍历。一是使用扩展运算符，二是使用 for...of 语法，三是使用 forEach 方法。请看如下代码示例：

```
<script type="text/javascript">
    let set = new Set();

    set.add('HelloWorld');
    set.add(90);
    set.add('A');
    set.add(90);
    set.add('B');

    // 方式一：使用扩展运算符
    console.log(...set);
```

```
    // 方式二: for...of 语法
    for (let item of set) {
        console.log(item);
    }

    // 方式三: forEach
    set.forEach(item => {
        console.log(item);
    })
</script>
```

12.12 Map

12.12.1 概述

Map 集合也是一种数据结构，与 Object 结构类似，都是由 key 和 value 的键值组成的集合。但和对象结构不同的是，对象的 key 必须是字符串，而 Map 集合的 key 不局限于字符串，可以是任意的数据类型，还需要注意的是，Map 的 key 要求唯一不能重复，但 value 值是可以重复的。

12.12.2 创建 Map 集合

创建 Map 集合并添加元素，常用的方式有四种，分别是：
① 通过 set 方法；
② 通过数组方式，数组中的元素是键值对；
③ 通过 Set 集合；
④ 通过 Map 集合。
构造 Map 并添加元素具体的使用方式，请看下面的程序代码示例：

```
<script type="text/javascript">
    // 方式一: set() 方法
    let map1 = new Map();
    map1.set('S001', '周芷若');
    console.log(map1);

    // 方式二: 通过数组的方式
    let arrs1 = ['S001', 'HelloWorld'];
    let arrs2 = ['S002', 'Spring'];
    let map2 = new Map([arrs1, arrs2]);
    console.log(map2);
```

```
// 方式三：通过 Set 集合
let arrs3 = ['S001', 'HelloWorld'];
let arrs4 = ['S002', 'SpringMVC'];
let set = new Set([arrs3, arrs4]);
let map3 = new Map(set);
console.log(map3);

// 方式四：通过 Map 集合
let temp = new Map();
temp.set('S001', 'HelloWorld');
let map4 = new Map(temp);
console.log(map4);
</script>
```

12.12.3 常用方法和属性

Map 集合同时也提供了很多好用的方法和属性，如表 12-2 所示。

⊡ 表 12-2 Map 集合常用属性和方法

方法或属性	说明
has(键)	方法，判断 Map 集合中是否包含指定的键
delete(键)	方法，根据指定的键从 Map 中删除对应的元素
get(键)	方法，根据指定的键从 Map 中获取指定的元素
clear()	方法，清空 Map 集合
size	属性，获取 Map 集合元素的个数

关于 Map 集合常用的方法和属性，请看如下的代码示例：

```
<script type="text/javascript">
    let map = new Map();
    map.set('S01', 'HelloWorld');
    map.set('S02', 'Spring');
    map.set('S03', 'Tomcat');

    // >> has()：判断 map 中是否包含指定的 key
    console.log(map.has('S02'));

    // >> get()：根据指定的 key 获取对应的 value
    console.log(map.get('S03'));

    // >> delete()：根据指定的 key 删除 map 对应的元素
    console.log(map.delete('S03'));

    // >> clear()：清空
    console.log(map.clear());
```

```
    // >> size: 获取 map 中元素的个数
    console.log(map.size);
</script>
```

12.12.4 遍历方式

对于 Map 的遍历操作，常用的有以下几种：

由于 Map 集合对象实现了迭代器接口，所以可以使用 for...of 方式。代码如下：

```
<script type="text/javascript">
    let map = new Map();
    map.set('S01', 'HelloWorld');
    map.set('S02', 'Spring');
    map.set('S03', 'Tomcat');

    for (let arrs of map) {
        let [key, value] = arrs;
        console.log(`key=${key} value=${value}`);
    }
</script>
```

除此之外，还有其他几种遍历方式，示例代码如下：

```
<script type="text/javascript">
    let map = new Map();
    map.set('S01', 'HelloWorld');
    map.set('S02', 'Spring');
    map.set('S03', 'Tomcat');

    // >> forEach() 方式
    map.forEach(function(value, key) {
        console.log(`key=${key} value=${value}`);
    });

    // >> keys() 方法
    // >>>> 先获取 map 中所有的 key，再根据 map.get(key) 获取对应的值
    let keys = map.keys();
    for (let key of keys) {
        let value = map.get(key);
        console.log(`key=${key} value=${value}`);
    }

    // >> 使用 values() 方法，直接获取所有的值
    let values = map.values();
    for (let value of values) {
        console.log(value);
    }
```

```
    // >> 使用 entries()方法，遍历时，直接获取 key-value 键值对
    let entrys = map.entries();
    for (let [key, value] of entrys) {
        console.log(`key=${key} value=${value}`);
    }
</script>
```

12.12.5 使用 Map 计算字符个数

需求：有一个字符串"abcaAbHdcAedfb"，计算该字符串中每个字符出现的次数。

思路分析：首先定义一个 Map 集合对象，该 Map 的 key 就是该字符串中的字符，value 就是该字符出现的次数。需要遍历该字符串，每遍历一次拿到一个字符，然后判断该字符是否在 Map 中，如果在，则对应的 value 值递增 1，否则赋予初始值为 1，表示第一次，最后再将 key 和 value 一次性设置到 Map 中。

程序的示例代码如下：

```
<script type="text/javascript">
    let str = 'abcaAbHdcAedfb';
    let map = new Map();
    for (let i = 0; i < str.length; i++) {
        // 1. 循环字符串,拿到每一个字符
        let char = str[i];
        // 2. 根据字符(key)从 map 中获取对应的值
        let value = map.get(char);
        // 3. 值存在,说明字符在 map 中存在则加 1 否则初始化赋值为 1
        if (value) {
            value++;
        } else {
            value = 1;
        }
        // 4. 值设置完毕之后,统一再设置到 map 中
        map.set(char, value);
    }
    console.log(map);
</script>
```

小结

本章主要介绍了 ES6 的新特性，接下来做个简单的小结。

① 介绍了 ECMAScript 的发展历史，对于学习的 ES6，是一个泛指；

② 介绍了使用 let 定义变量，const 定义常量；

③ 介绍了字符串对象和数组对象的扩展，重点是模板字符串的使用；

④ 介绍了对象解构和数组解构，含义就是按照指定的模式规则从对象或数组中提

取值；

　　⑤ 介绍了函数的扩展，包括剩余参数、函数参数默认值、箭头函数，要重点理解箭头函数中的 this；

　　⑥ 介绍了对象的简化写法和对象的展开及数组的展开；

　　⑦ 介绍了使用 class 关键字定义类，并且只能有一个构造函数，同时介绍了 Set 和 Map 两种数据结构，Set 中的元素是不可重复的，Map 的数据结构就是 key-value 组成的键值对，其中 key 可以是任意类型。

第13章
Promise异步编程

13.1 概述

异步编程（Asynchronous Programming）是 JavaScript 编程语言的一大特色，同时也是学习 JavaScript 的一个难点。而异步是与同步相对的概念，所以在学习异步之前，有必要去学习同步相关的知识。

所谓同步是指 JavaScript 代码在执行的过程中，是严格按照代码的编写顺序依次执行的，是连续执行的，意味着下一行代码的执行必须等待前一行代码执行完毕之后才会执行。

同步代码的好处在于编写简单，而且可以很直观地观察程序在每一步的运行状态，程序很好控制。

同步代码的坏处在于如果某一行代码需要花费的时间很长，那么后面的代码就必须要排队等着，拖延了整个程序的执行，浏览器出现卡顿、假死、无响应状态，这很明显是不被期望的。

为了解决这个问题，JavaScript 编程语言提出了异步的概念。所谓的异步，简单来说就是异步代码不按照顺序执行，也就意味着程序的状态不易于掌控，但是异步执行的效率更高。

异步编程的实现有两种方式，一种是多线程，一种是单线程非阻塞。

13.2 JavaScript 异步编程的实现

13.2.1 为什么 JavaScript 是单线程

所谓的线程，其实就是程序的一条执行路径，可以设想一下，比如要去工地搬砖，多线程就是多个工人一起去搬砖，而单线程是一个工人去搬砖。很明显，多线程的工作效率更高。

既然多线程模式效率更高，为什么 JavaScript 不支持多线程，而是采用单线程的工作模式呢？

实际上，JavaScript 采取单线程的工作模式与当初 JavaScript 的用途有很大关系。在早期，JavaScript 编程语言设计之初的目的就是用来实现用户与页面的交互操作，而 JavaScript 最常见的操作就是 DOM 编程，试想一下，如果 JavaScript 采用多线程的工作模式，就会存在这样的现象，A 线程要去删除某个 DOM 节点，此时 B 线程可能正在对该 DOM 节点做添加内容、设置样式等操作，那么对于该 DOM 节点操作，到底是应该删除还是添加内容呢，此时程序的执行状态就会混乱不堪。

所以 JavaScript 编程语言在设计之初就确定了采用单线程的编程模式。这就意味着 JavaScript 在同一时间只能做一件事情，一次只能完成一个任务，如果有多个任务那么就必须要排队，前面一个任务完成才能执行下一个任务，这样带来的问题就是如果一个任务需要执行的时间过长，那么后面的任务只能等待，造成用户体验感严重下降。单线程的程序执行流程，如图 13-1 所示。

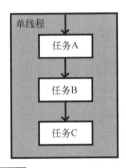

图 13-1 单线程程序流程执行图

同步和异步的最大区别在于线程在执行这些任务时，后一个任务是否能立即得到上一个任务的处理结果，如果可以则是同步，有了结果才会继续往下执行，而异步则是后一个任务不能够立即得到上一个任务的处理结果，程序依旧会继续往下执行。

13.2.2 JavaScript 如何实现异步编程

JavaScript 编程语言的特点是单线程，意味着 JavaScript 代码是在一个线程中执行，这个线程也叫做主线程。JavaScript 代码在同一个时刻只能做一个任务，如果做这个任务是非常耗时的，就意味着其他任务就不能被执行，当前线程就被阻塞。举一个简单的例子，现在在 JavaScript 代码中发起了一个网络请求，至于这个请求的结果何时会得到，需要看网络的情况，就意味着结果返回的这个时间是不确定的，那么在结果返回到来之前，当前页面是不能做其他操作的，例如点击按钮、滚动页面（即使做了，也不会有任何的反应），这样的体验就很差劲了。

所以那些真正耗时的任务，实际上并不是由这个主线程执行的。JavaScript 需要异步，那么 JavaScript 又是如何实现异步的呢？

JavaScript 要实现异步，需要通过回调函数和事件监听的方式。需要明确，回调函数和事件监听本质没有什么区别，只是在不同的场景下叫法不同。

13.3 回调函数

13.3.1 说明

回调函数（callback）是实现异步编程最简单的方式。简单来说，回调函数就是把异步任务单独写在一个函数里面，等到要执行这个异步任务时，再去调用这个函数。回调函数也叫作钩子函数。

13.3.2 事件处理程序

需求：点击页面上的按钮，实现在控制台打印。程序代码如下：

```html
<body>
    <button>点击我</button>
</body>

<script type="text/javascript">
    // 第一步
    console.log(1111);

    // 第二步
    document.querySelector('button').onclick = function() {
        console.log(2222);
    }

    // 第三步
    console.log(3333);
</script>
```

执行上述代码并点击按钮，观察程序的运行结果，如图 13-2 所示。

图 13-2　事件处理程序案例图

JavaScript 在执行代码时，并没有迟迟地等待用户点击按钮的行为操作，而是给按钮绑定好事件处理程序之后，程序继续往下执行，所以输出的结果首先是 "1111"，其次是 "3333"，最后是 "2222"。

13.3.3　延迟计时器

延迟计时器就是 setTimeout()函数，该函数的第一个参数是一个函数，表示当时间到了之后，要处理的任务。程序代码如下：

```
<script type="text/javascript">
    // 第一步
    console.log(1111);

    // 第二步
    setTimeout(function() {
        console.log(2222);
    }, 2000);

    // 第三步
    console.log(3333);
</script>
```

执行上述代码，观察程序的运行结果，如图 13-3 所示。

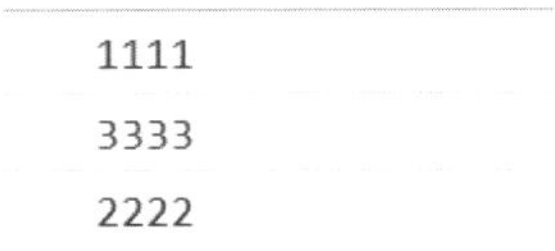

```
1111
3333
2222
```

图13-3　延迟计时器案例图

JavaScript 在执行代码时，当执行到开启延迟计时器后，并没有等到 2s 之后再执行"3333"的打印，说明 JavaScript 虽然是单线程的，但是确实是可以执行异步任务的，即不会等上一个任务结果返回再执行下一个任务。

13.3.4　回调函数再理解

回调函数也是函数的一种，也是需要调用才能执行，只不过回调函数的执行需要一定的触发时机，而这个触发时机往往是不确定的。为什么这种函数叫回调函数，或者叫钩子函数呢？如图 13-4 所示。

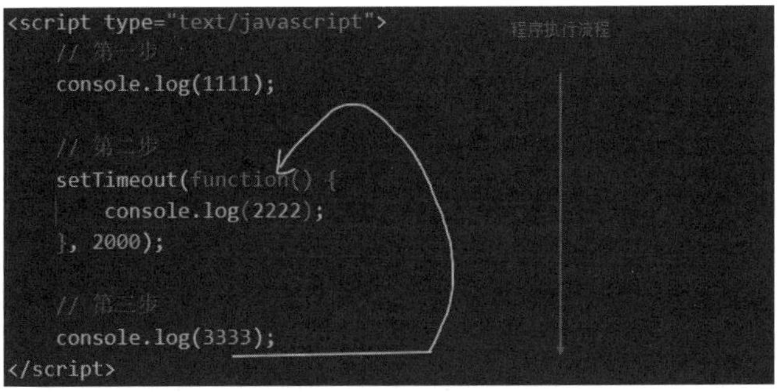

图13-4　回调函数的概念

JavaScript 代码从上往下依次执行，当执行到 setTimeout()函数时，发现该函数是一个异步函数，此时 JavaScript 引擎会继续往下执行且完毕之后，待 2s 时间到了时，程序又掉头回去调用了 setTimeout 函数中的参数函数，这个参数函数就叫作回调函数，又好像是一个钩子一样，所以也叫钩子函数，而回调函数（钩子函数）中封装的就是异步的任务。

13.3.5 回调地狱

需求：要开启四个延时定时器，分别是 T1、T2、T3、T4，而每个延时定时器所要延迟的时间是不固定的，但是现在的要求是，这四个延时定时器必须依次按照顺序执行，并在控制台依次输出 T1、T2、T3 和 T4。

思考分析：要开启四个延时定时器，就意味着要调用 setTimeout()四次，需要这四个延时定时器依次顺序执行，并且在控制台按照指定的顺序输出，为了保证延迟定时器的先后顺序，就必须在第一个延迟定时器执行完毕之后再去开启第二个延时定时器，依次类推，开启延时定时器的动作应该在每一个延时定时器的回调函数里面，同时为了实现延时时间不固定，可以采取生成一个随机数来实现。根据这样的分析，程序代码如下：

```html
<script type="text/javascript">
    // 开启四个延时定时器，依次执行，输出 T1、T2、T3、T4
    setTimeout(function() {
        console.log('T1');
        setTimeout(function() {
            console.log('T2');
            setTimeout(function() {
                console.log('T3');
                setTimeout(function() {
                    console.log('T4');
                }, Math.random() * 100);
            }, Math.random() * 100);
        }, Math.random() * 100);
    }, Math.random() * 100);
</script>
```

代码逻辑很好理解，虽然也实现了需求，但是代码的阅读就很费劲了，发现回调函数层层嵌套调用，外部回调函数异步执行的结果是嵌套的回调函数执行的条件，这种现象就是"回调地狱"。

回调地狱的问题该如何解决呢，此时 Promise 解决方案应运而生了。

13.4 Promise

在早期，JavaScript 处理异步操作都是以回调函数（callback）的方式实现的，回调函数的方式处理异步操作也是深入人心。但是随着 ECMAScript6.0（ES6）标准的提出，Promise 也正式成为了标准规范，Promise 完全改变了 JavaScript 异步编程的编码方式，使得 JavaScript 实现异步编程、处理回调地狱的问题变得非常简单、更好理解，如今高版本的浏览器都已经提供了对 Promise 的支持。

13.4.1 概述

为什么说 Promise 可以解决回调地狱问题呢？在探讨这个问题之前，先思考回调函数的方式为什么会产生回调地狱的问题。原因在于执行异步的操作和处理异步的结果这两个步骤写在了一起，下一个异步任务的执行是需要依赖上一个异步任务的结果的，只有上一个异步任务结束了下一个异步任务才能触发，这也就是导致产生层层回调，从而发生回调地狱的根源。

那么能否将这两个步骤给分开呢？也就是执行异步操作和处理异步的结果这两个步骤分开，先统一执行异步任务，不关心如何处理结果，然后根据结果是成功还是失败，在将来的某个时刻再去处理成功或失败的业务逻辑，这样的话，该执行异步操作的执行异步操作，最后统一处理异步操作的结果，因为异步操作执行完毕之后，总是会有结果的。Promise 正是采取的这种思想。

把异步操作交给 Promise 来处理，至于这个异步操作的结果什么时候返回，并不需要关心，待有了异步操作的结果，Promise 会告知我们，当然，如果有多个异步操作，那么就分别交给每一个 Promise 来执行，这样就可以将异步的操作用同步的编码风格描述出来，避免了层层回调嵌套，从而解决回调地狱的问题，这个是 Promise 的根本思想。

Promise 中文含义是"许诺，承诺"。对于异步操作的执行结果，无论是成功还是失败，总是能得到结果的，而 Promise 里面保存着一个异步操作的结果，是最终能够得到异步操作结果的保证。

Promise 的本质是一个构造函数，是一个容器，里面保存着某个未来才会结束的事件（通常是一个异步操作）的结果。

13.4.2 Promise 对象的语法

Promise 是一个构造函数，在使用时需要使用 new 关键字调用。具体的语法如下所示：

```
<script type="text/javascript">
    const p = new Promise(function(resolve, reject) {
        // 执行一个异步操作，根据异步操作的结果判断
        if (异步结果成功) {
            resolve(成功的结果);
        } else {
            reject(失败的结果)
        }
    });
    // 成功
    p.then(function(result) {

    });
    // 失败
    p.catch(function(error) {
```

```
        });
    </script>
```

语法解释如下：

● Promise 构造函数接收一个函数作为参数，称为构造器 executor，我们需要处理的异步任务就写在该函数体内，该函数的两个参数是 resolve、reject，这两个参数各自分别是一个函数。

● 异步任务执行成功时调用 resolve 函数返回结果，反之调用 reject。

● Promise 对象的 then 方法用来接收处理成功时响应的数据，catch 方法用来接收处理失败时响应的数据。

13.4.3　Promise 对象的属性和方法

既然 Promise 的本质是一个构造函数，那么就可以通过该构造函数去创建实例对象，并且可以查看该对象身上有哪些属性和方法。代码如下所示：

```
<script type="text/javascript">
    let p = new Promise(function(resolve, reject) {

    });
    console.log(p);
</script>
```

Promise 对象身上的属性和方法如图 13-5 所示。

图 13-5　Promise 对象身上的属性和方法

其中 PromiseState 表示 Promise 的状态，PromiseResult 表示的是异步执行的结果。

13.4.4　Promise 的认识误区

在学习 Promise 处理异步操作这块内容时，初学者往往会存在一些误区，首先看如下代码，分析程序的运行结果是什么，程序代码如下：

```
<script type="text/javascript">
    console.log('111');
    new Promise(function(resolve, reject) {
        console.log('222');
        // 模拟异步操作
        setTimeout(function() {
            console.log('333');
            console.log('执行了');
```

```
    }, 2000);
  });
  console.log('444');
</script>
```

分析运行结果，可以得出：

① 创建 Promise 实例对象之后，executor 函数会立即执行。即 executor 函数在 Promise 构造函数执行时同步执行。

② Promise 本身不是异步的，是同步的，只不过 Promise 这个容器中所保存要执行的操作往往是异步的。

13.4.5　Promise 的三种状态

Promise 是一个有状态的对象，存在三种状态，分别是 pending（初始状态、待定状态）、fulfilled/resolved（已兑现、成功）和 rejected（已拒绝、失败），而且状态的转换过程有且仅有两种，pending 变为 fulfilled/resolved 或者 pending 变为 rejected，状态的改变是一次性的，不会存在 fulfilled 状态转换为 rejected 状态。

知道了 Promise 的三种状态，那么状态又该如何去转换呢？

● 【案例 13-1】

将 pending 状态转换为 fulfilled。如下程序所示：

```
<script type="text/javascript">
    let p = new Promise(function(resolve, reject) {
        // 调用该函数(成功函数),将 pending 状态修改为 fulfilled 状态
        resolve();
    });
    console.log(p);
</script>
```

程序运行结束之后，查看控制台 Promise 的状态，如图 13-6 所示：

```
▼ Promise {<fulfilled>: undefined} ⓘ
  ▶[[Prototype]]: Promise
   [[PromiseState]]: "fulfilled"
   [[PromiseResult]]: undefined
```

图 13-6　pending 状态转换为 fulfilled 状态

● 【案例 13-2】

将 pending 状态转换为 rejected。如下程序所示：

```
<script type="text/javascript">
    let p = new Promise(function(resolve, reject) {
        // 调用该函数(失败函数),将 pending 状态修改为 rejected 状态
        reject();
    });
    console.log(p);
</script>
```

程序运行结束之后，查看控制台 Promise 的状态，如图 13-7 所示。

```
▼ Promise {<rejected>: undefined} 🛈
  ▶[[Prototype]]: Promise
   [[PromiseState]]: "rejected"
   [[PromiseResult]]: undefined
```

图 13-7　pending 状态转换为 rejected 状态

总结：通过调用 resolve 函数或者 reject 函数去改变 Promise 的状态。

13.4.6　Promise 的结果

已经介绍了 PromiseState 的状态属性，接下来介绍 PromiseResult 属性，该属性表示的含义是异步操作执行后的结果。可以发现，之前的 PromiseResult 属性值都是 undefined。那么这个值该如何改变呢？

对于 resolve 这个参数来说，它是一个函数，可以通过调用该函数实现对状态的改变，既然是函数，就可以在调用时传递参数，reject 函数同理。接下来进行如下的测试。

测试一：调用 resolve 函数传递参数，程序如下所示：

```html
<script type="text/javascript">
    let p = new Promise(function(resolve, reject) {
        resolve('异步操作成功的结果');
    });
    console.log(p);
</script>
```

运行程序，观察程序的执行结果，如图 13-8 所示。

```
▼ Promise {<fulfilled>: '异步操作成功的结果'} 🛈
  ▶[[Prototype]]: Promise
   [[PromiseState]]: "fulfilled"
   [[PromiseResult]]: "异步操作成功的结果"
```

图 13-8　resolve 函数调用传递参数

测试二：调用 reject 函数传递参数，程序如下所示：

```html
<script type="text/javascript">
    let p = new Promise(function(resolve, reject) {
        reject('异步操作失败的原因结果');
    });
    console.log(p);
</script>
```

运行程序，观察程序的执行结果，如图 13-9 所示。

```
▼ Promise {<rejected>: '异步操作失败的原因结果'} 🛈
  ▶[[Prototype]]: Promise
   [[PromiseState]]: "rejected"
   [[PromiseResult]]: "异步操作失败的原因结果"
```

图 13-9　reject 函数调用传递参数

> **总结**：通过调用 resolve 函数或 reject 函数传递的参数，可以去改变当前 Promise 实例对象的结果。

13.4.7 then 方法详解

then 方法是 Promise 原型对象身上的方法，那么通过 Promise 构造函数创建的实例对象也就具有了 then 方法，then 方法可以接收两个参数，这两个参数各自是一个函数，分别为成功的回调函数和失败的回调函数，成功的回调函数和失败的回调函数同时还可以接收参数，分别是 res 和 error，对于 then 方法，第二个失败的回调函数参数可以省略。then 方法的语法格式如下：

```javascript
<script type="text/javascript">
    let p = new Promise(function(resolve, reject) {

    });
    p.then(function(res) {

    }, function(error) {

    });
</script>
```

了解了 then 方法的语法格式，下面详细介绍下 then 方法的两个参数函数。

测试一：then 方法的第一个参数函数的调用时机及 res 的值是什么。程序如下所示：

```javascript
<script type="text/javascript">
    let p = new Promise(function(resolve, reject) {
        resolve('获取异步操作成功的结果');
    });

    // 测试 then 方法的第一个参数函数
    p.then(function(res) {
        console.log('success:', res);
    }, function(error) {
        console.log('fail:', error);
    });
</script>
```

运行程序查看程序的执行结果，如图 13-10 所示。

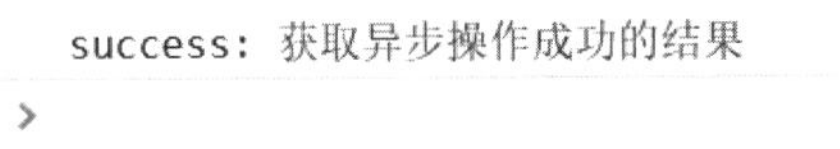

success：获取异步操作成功的结果

图 13-10 测试 then 方法的第一个参数函数执行结果

总结三点：一是调用了 resolve 函数，当前 Promise 实例对象状态改为 fulfilled（成功）；二是当 Promise 实例对象的状态变为 fulfilled 时，then 方法中的第一个参数函数被调用；三是调用 resolve 函数传递的参数会作为 then 方法第一个参数函数的参数进行接收。具体如图 13-11 所示。

图13-11 then 方法的第一个参数函数执行图

测试二：then 方法的第二个参数函数的调用时机及 error 的值是什么。程序如下所示：

```javascript
<script type="text/javascript">
    let p = new Promise(function(resolve, reject) {
        reject('异步操作失败的结果');
    });

    // 测试 then 方法的第二个参数函数
    p.then(function(res) {
        console.log('success:', res);
    }, function(error) {
        console.log('fail:', error);
    });
</script>
```

运行程序查看程序的执行结果，如图 13-12 所示。

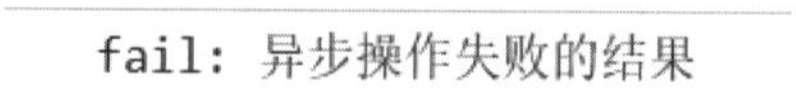

---

fail: 异步操作失败的结果

图13-12 测试 then 方法的第二个参数函数执行结果

总结三点：一是调用了 reject 函数，当前 Promise 实例对象状态改为 rejected（失败）；二是当 Promise 实例对象的状态变为 rejected 时，then 方法中的第二个参数函数被调用；三是调用 reject 函数传递的参数会作为 then 方法第二个参数函数的参数进行接收。具体如图 13-13 所示。

图13-13 then 方法的第二个参数函数执行图

介绍了 then 方法的参数，下面再来介绍一下 then 方法的返回值。

方法调用完毕之后，必然会返回一个结果，当调用完 then 方法之后，用一个变量 r 接收 then 方法的返回结果，查看 r 的值是什么。程序测试如下：

```javascript
<script type="text/javascript">
    let p = new Promise(function(resolve, reject) {
        resolve('获取异步操作成功的结果');
    });
    let r = p.then(function(res) {
        console.log('success:', res);
    }, function(error) {
        console.log('fail:', error);
    });

    console.log(r);
</script>
```

通过控制台查看结果，then 方法得到一个结果，这个结果是新的 Promise 对象，状态是 fulfilled。在这里就会产生一个疑问，为什么返回的新 Promise 对象的状态是成功的状态呢？那么就有必要去探讨返回新的 Promise 对象的状态是受什么影响的。接下来看几个测试案例总结规律。

测试一：程序代码如下所示：

```javascript
<script type="text/javascript">
    let p = new Promise(function(resolve, reject) {
        resolve('获取异步操作成功的结果');
    });

    let r = p.then(function(res) {
        console.log('success:' + res);
        // 直接打印一个没有定义的 a 变量,此时是会报错的
        console.log(a);
    }, function(error) {
        console.log('fail:', error);
    });
    console.log(r);
</script>
```

调用的是 resolve 函数，该函数会改变 p 对象的状态，改为 fulfilled，所以 then 方法的第一个参数函数就会被调用，但是在执行该函数的过程中程序出现了错误，通过控制台查看结果，新返回的 Promise 对象（即变量 r）的状态是 rejected，结果就是出错的信息。

测试二：程序代码如下所示：

```javascript
<script type="text/javascript">
    let p = new Promise(function(resolve, reject) {
        reject('失败');
    });

    let r = p.then(function(res) {
```

```
        console.log('success:' + res);
    }, function(error) {
        console.log('fail:', error);
    });
    console.log(r);
</script>
```

调用的是 reject 函数，该函数会改变 p 对象的状态，改为 rejected，所以 then 方法的第二个参数函数就会被调用，并且在执行该函数的过程中程序没有任何异常，会有一个默认的 undefined 返回，但是通过控制台查看结果，新返回的 Promise 对象（即变量 r）的状态是 fulfilled，结果就是 return 后的值。

结论：在 then 方法的两个参数函数中，函数的返回值如果是非 Promise 类型的，那么 then 方法的返回值 Promise 的状态就是 fulfilled 状态；如果回调函数出现了错误，则新 Promise 的状态就是 rejected。

接下来再深入思考，then 方法返回的是新 Promise 对象，而新对象的状态取决于回调函数的返回，同时还可以继续调用 r 对象身上的 then 方法，下面来观察一下返回的新 Promise 对象的 then 方法的两个参数函数。程序代码如下：

```
<script type="text/javascript">
    let p1 = new Promise(function(resolve, reject) {
        resolve('成功了！');
    });

    let r = p1.then(function(result) {
        console.log(result);
        // 返回非 Promise 对象，比如普通的字符串，数字等
        return 'HelloWorld';
    });

    r.then(function(res) {
        console.log(res);
    });
</script>
```

查看控制台程序的运行结果，如图 13-14 所示。

```
成功了！
HelloWorld
>
```

图 13-14 程序运行结果（一）

p1 实例对象中 then 方法的第一个参数正常返回了一个字符串 "HelloWorld"，则这个返回结果就作为了 then 方法返回新 Promise 对象的异步成功的结果，也正是因为如此，所以打印的结果 res 的值是 "HelloWorld"。如图 13-15 所示。

总结：简单来说，return 了什么结果，那么返回新 Promise 实例对象的 then 方法中的参数函数的参数的值就是什么。

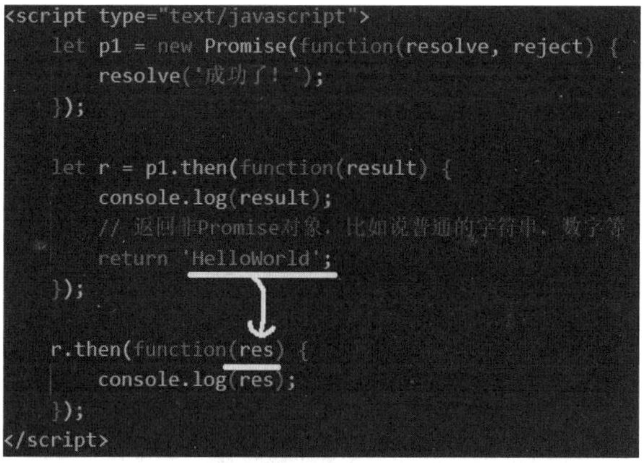

图13-15 返回普通值

再深度思考，then 方法的两个参数函数除了返回普通的值之外，能否返回一个 Promise 对象呢？程序代码如下：

```
<script type="text/javascript">
    let p1 = new Promise(function(resolve, reject) {
        resolve('p1--成功了！');
    });
    let p2 = new Promise(function(resolve, reject) {
        resolve('p2--成功了！');
    });

    p1.then(function(result) {
        console.log(result);
        // 返回 Promise 对象
        return p2;
    }).then(function(result) {
        console.log(result);
    });
</script>
```

查看控制台程序的运行结果，如图 13-16 所示。

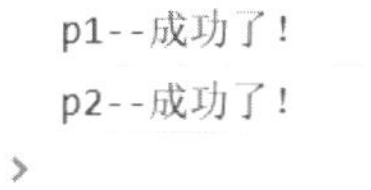

p1--成功了！
p2--成功了！

图13-16 程序运行结果（二）

通过控制台打印的结果，可能与预期的结果不一致。先看图解再来分析，如图 13-17 所示。

可能正如你想到的那样，return 一个普通的值，第二个 then 方法中参数函数的参数 result 值是"HelloWorld"；return 123，第二个 then 方法中参数函数的参数 result 的值是 123；那么当我们 return p2（注意 p2 是一个 Promise 对象）时，第二个 then 方法中参数函数的参数 result 的值不应该是 p2 吗？此时会发现，并不是，这个就是 return 返回 Promise 对象的特殊之处了，而这个特殊之处，才是最有用的。通过结果发现，返回了 p2 这个 Promise 实例对象，而第二个 then 方法中的参数函数的参数 result 的值是 "p2—成功了!"。

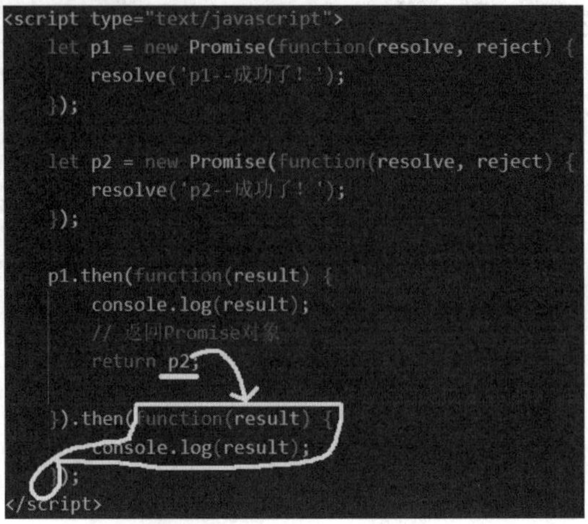

图 13-17 返回 Promise 对象

> **总结**：当 return 的值是 Promise 对象时，第二个 then 方法中接收的参数函数会作为 p2 的 resolve。实际上，then 方法中 return 的值是 Promise 对象才是最有用的。到现在，我们就可以解决 13.3.5 小节中回调地狱的问题了。下面用 Promise 的方式去实现该需求，程序代码如下：

```html
<script type="text/javascript">
    let p1 = new Promise((resolve, reject) => {
        setTimeout(function() {
            resolve('T1');
        }, Math.random() * 100);
    });
    let p2 = new Promise((resolve, reject) => {
        setTimeout(function() {
            resolve('T2');
        }, Math.random() * 100);
    });
    let p3 = new Promise((resolve, reject) => {
        setTimeout(function() {
            resolve('T3');
        }, Math.random() * 100);
    });
    let p4 = new Promise((resolve, reject) => {
        setTimeout(function() {
            resolve('T4');
        }, Math.random() * 100);
    });

    // 每个 then 方法中参数函数的返回值是 Promise 对象
    p1.then(function(result) {
```

```
            console.log(result);
            return p2;
        }).then(function(result) {
            console.log(result);
            return p3;
        }).then(function(result) {
            console.log(result);
            return p4;
        }).then(function(result) {
            console.log(result);
        });
    </script>
```

从编码风格上看出，虽然代码量貌似增多了，但是实际上通过 Promise 方式实现的好处就是用编写同步代码的编码风格实现了异步编程，避免回调函数层层嵌套。这样的代码，看起来清爽、易于阅读。

同时对于上述代码，会发现，启动定时器的代码是重复性的代码，可以考虑用函数封装，代码如下：

```
<script type="text/javascript">
    // 封装启动定时器异步代码
    function start(timerName) {
        return new Promise((resolve, reject) => {
            setTimeout(function() {
                resolve(timerName);
            }, Math.random() * 100);
        });
    };

    start('T1').then(function(result) {
        console.log(result);
        return start('T2');
    }).then(function(result) {
        console.log(result);
        return start('T3');
    }).then(function(result) {
        console.log(result);
        return start('T4');
    }).then(function(result) {
        console.log(result);
    });
</script>
```

13.4.8 catch 方法详解

then 方法接收两个参数函数，即 then(fn1,fn2)，而 fn2 函数的执行时机是当 Promise 实例对象的状态改为 rejected 触发失败回调时，该函数就会执行。

在 Promise 的原型对象身上有一个 catch 方法，该方法的作用也是当 Promise 实例对象的状态改为 rejected 的时候，该 catch 方法就会触发。

实际上，catch 方法的本质就是 then 方法的语法糖形式，即 then(null,fn2)。下面就对 catch 方法的执行时机做个总结。以下形式会触发 catch 方法的执行，分别是：

① 当 Promise 的状态改为 rejected 时被触发；

② 当 Promise 执行过程中出现代码错误时被触发；

③ 当 Promise 执行过程出现手动抛出异常时被触发；

④ then 方法指定的回调函数，如果运行中抛出错误，会被 catch 方法捕获，catch 方法被触发。

对于 then 方法更加标准的做法是：不仅要写成功的回调，还需要写失败的回调，这样就可以进行错误的处理了。此时有一个麻烦的地方是，如果 then 方法存在链式调用的话，每次使用 then 方法都需要编写失败回调函数，这样编写代码着实有些麻烦，代码形式如下所示：

```html
<script type="text/javascript">
    let p1 = new Promise((resolve, reject) => {

    });

    let p2 = new Promise((resolve, reject) => {

    });

    p1.then(function(result) {
        return p2;
    }, function(error) {

    }).then(function(result) {

    }, function(error) {

    })
</script>
```

借助于 catch 方法，还可以利用它异常穿透的特性，去统一实现对错误的处理。代码改造如下所示：

```html
<script type="text/javascript">
    // 省略 p1 和 p2 两个 Promise 实例对象代码编写

    p1.then(function(result) {
        return p2;
    }).then(function(result) {

    }).catch(function(error) {

    });
</script>
```

异常穿透：当程序运行到最后，没被处理的所有异常错误都会进入这个 catch 方法的回调函数中。

13.4.9 其他方法

在 Promise 对象身上还具有其他的静态方法，例如 all()方法、any()方法、trace()方法。下面就对这三个方法做一个简单的描述，这块知识内容读者可以自行搜索学习。

all()方法：该方法接收一个数组，数组中的每个元素都是 Promise 实例对象，只有当所有的 Promise 实例对象的状态都是 resolved，那么结果才是 resolved；只要有任意一个 promise 被 reject，就会立即被 reject，并且 reject 的是第一个抛出的错误信息。

any()方法：该方法接收一个数组，数组中的每个元素都是 Promise 实例对象，只要任意一个 promise 被 resolve，就会立即被 resolve，并且 resolve 的是第一个正确结果；只有所有的 promise 都 reject 时才会 reject 所有的失败信息，关注于 Promise 是否已经解决，只要有一个解决就行。

race()方法：该方法接收一个数组，数组中的每个元素都是 Promise 实例对象，任意一个 promise 最先返回结果就算哪个，不关心成功还是失败。

13.5 async 关键字

13.5.1 概述

async 关键字的作用是修饰一个普通函数，被 async 修饰的普通函数会作为一个异步函数，该关键字是 ECMAScript（ES7）提供的新特性，是一个语法糖，异步函数基于 Promise 构造函数。

异步函数是异步编程语法的终极解决方案，通过使用异步函数能够以编写同步代码的形式去实现异步编程，而且写法更加简洁。

13.5.2 异步函数

```
<script type="text/javascript">
    async function fn() {
        return 'HelloWorld';
    }


    console.log(fn());
</script>
```

上述代码中 fn()函数就是一个异步函数，调用 fn()函数返回 Promise 对象，Promise 对象的状态取决于 fn()函数内代码是否正常 return（返回），如果能够正常 return，则表示的是成功的 Promise 对象。

在异步函数内部使用 return 关键字进行结果返回，结果会被包裹在 promise 对象中，return 关键字代替了 resolve 方法。

上述介绍的是 return 返回普通的值，return 也可以返回 Promise 类型的对象。代码如下所示：

```
<script type="text/javascript">
    async function fn() {
        return new Promise(function(resolve, reject) {
            resolve('获取异步操作的结果');
        });
    }
    console.log(fn());
</script>
```

如果返回的是一个 Promise 对象，那么最终 fn 函数() 的返回值 Promise 的状态取决于是否执行了 resolve 函数还是 reject 函数，结果是调用 resolve 函数的参数。

13.6 await 关键字

13.6.1 概述

① await 关键字只能出现在异步函数中，但是异步函数中可以没有 await。

② await 右侧的表达式一般为 Promise 对象，但也可以是其他的值。

③ 如果表达式是 Promise 对象，await 返回的是 Promise 成功的值。

④ 如果表达式是其他值，直接将此值作为 await 的返回值。

⑤ await Promise 可以暂停异步函数向下执行，直到 Promise 返回结果。

13.6.2 案例

使用 await 和 async 实现异步编程。

需求：启动四个延时定时器，每个定时器的延迟时间不固定，要求能够依次执行四个定时器，并且能够以 T1、T2、T3 和 T4 的打印顺序输出到控制台。

分析：四个延时定时器，就需要四个异步函数，每个异步函数需要 return 返回 Promise 对象，而在 Promise 构造函数中需要封装开启定时器的异步操作。程序代码如下所示：

```
<script type="text/javascript">
    // 封装启动定时器的异步函数
    async function start(timerName) {
        return new Promise((resolve, reject) => {
            setTimeout(() => {
                resolve(timerName)
```

```
            }, Math.random() * 100);
        })
    };

    async function run() {
        // 依次启动四个定时器
        let r1 = await start('T1');
        let r2 = await start('T2');
        let r3 = await start('T3');
        let r4 = await start('T4');

        console.log(r1);
        console.log(r2);
        console.log(r3);
        console.log(r4);
    }
    run();
</script>
```

小结

　　本章主要介绍了 Promise 异步编程，由 JavaScript 是单线程执行机制引出了异步的概念，早期 JavaScript 异步编程是通过回调函数的方式实现的，但是如果多个异步操作之间有依赖关系，有严格的前后顺序的话，通过使用回调函数会产生回调地狱的问题。

　　为了解决回调地狱的问题，在 ES6 规范中提出了 Promise 方案，本质是一个构造函数，是 JavaScript 的原生对象，也具有属性和方法，同时 Promise 是具有状态的函数，三种状态需要牢记。最后介绍了 Promise 的语法糖写法，async 和 await，能够让我们以编写同步代码的编程风格去实现异步编程，而且更易于编写，更有利于后期的阅读和维护。

第14章
模块化

14.1 传统开发的弊端

由于历史原因，JavaScript 在使用时存在突出的两大问题，一是命名冲突，二是文件依赖。为了解决这两个问题，在 ES6 标准中引入了模块化的概念。下面就分别讨论什么是命名冲突，什么又是文件依赖。

14.1.1 命名冲突

在一个 html 页面中如果直接引入多个 js 脚本文件，那么不同的 js 文件可能会存在相同的变量或者函数的定义，这样在引入 js 文件时，就产生了命名冲突，导致的问题就是后引入的 js 文件会把前引入的 js 文件代码覆盖。如图 14-1 所示。

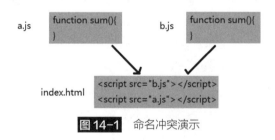

图 14-1 命名冲突演示

最终在 index.html 页面中去使用 sum 函数，使用的是 a.js 文件中定义的函数。

14.1.2 文件依赖

所谓的文件依赖，简单来说指的是一个 js 文件需要引用另一个 js 文件，比如 a.js 文件中定义的功能需要使用到 b.js 文件，此时 a.js 文件就依赖于 b.js 文件，这个就叫作文件依赖。

可以试想一下，在一个庞大的项目中，如果各种 js 脚本文件都存在这样的依赖关系，那么文件的依赖管理就很麻烦，为了使用某个 js 文件，还不得不了解这个 js 文件需要引入哪些 js 文件，同时对引入的顺序还有要求，而往往也并不知道哪些 js 文件需要依赖哪些文件。这样的开发效率太低，把很多的时间都花费在了文件的依赖管理上，得不偿失。为了解决这个问题，可以将一组完整的功能封装起来成为一个整体，这样在使用的时候，只需要引入对外声明的入口文件，而不需要关心内部文件的依赖关系，这种开发就是模块化开发。

14.2　生活中的模块化

模块化这个概念并不是软件开发中的一个概念，而是源自生活，生活中的模块化示例如图 14-2 所示。

图14-2　生活中的模块化——积木

这是小孩子们喜欢玩的积木，不同的积木模块通过组装之后就成了一个模型，这本身就是模块化的方式，一个明显的特点是其中的任何一个模块损坏都不会影响其他模块，只需要单独替换损坏的模块就可以了。

14.3　ES6 模块化概述

在软件开发中，ES6 新规范的提出其实借鉴了模块化的优点。一个项目是由各种模块组成的，通过不同模块的通力协作完成了整个系统的运行，其中某一个模块的损坏也不会影响其他模块的正常运行，力求把影响降低到最小。

在 ES6 的模块化开发中就规定了每个 js 文件都是一个模块，模块代码以严格模式执行，模块内部定义的变量和函数不会添加到全局作用域中。同时，模块化的开发没有全局作用域，只有模块作用域。

在 ES6 之前，浏览器端需要使用 require.js 来实现模块化开发，在 Node.js 中使用 CommonJS 规范来模块化编程，JavaScript 没有统一的标准规范，所以 ECMAScript 在 ES6 推出了标准的模块化方案。

模块化开发主要由两个命令构成的：export 和 import。

● export：该命令的作用是对外暴露模块中定义的成员，只有这样外部才能访问到模块中定义的成员（成员包括变量、常量、函数、类）。

● import：该命令的作用是导入其他模块，这样就可以使用其他模块中 export 对外暴露的成员了。

14.4　模块化开发

14.4.1　导出变量和常量

定义 myutils.js 模块：

```
// 对外暴露 number 和 age
export let number = 10;
export const age = 20;
// 只是定义变量,不暴露
let total = 40;
const username = 'HelloWorld';
```

定义 index.html 页面，去使用 myutils.js 模块：

```
<script type="module">
    // 导入 myutils.js 模块
    import { number, age } from './myutils.js';
    console.log(number);
    console.log(age);
    console.log(total);
    console.log(username);
</script>
```

执行 index.html 页面观察结果。需要注意的是，对于模块化的开发，有三点需要明确说明：

① script 标签的 type 属性需要指定为"module"；

② 模块化的运行，需要在本地开启服务器的模式打开页面，本地打开文件方式不可行。如果使用的是 vscode 开发工具，可以安装"Live Server"插件来启动服务器；

③ 只有模块内部的成员通过 export 命令对外暴露了，在引入模块时才可以使用该成员。

14.4.2　导出函数

函数也可以作为模块内部要对外暴露的成员，示例代码如下：

定义 myutils2.js 模块：

```
//  声明函数的同时直接对外暴露
export let sum = (num1, num2) => {
    let result = num1 + num2;
    return result;
}
```

```
// 可以先定义函数,再对外暴露
let info = function() {
    console.log('info');
}
export {
    info
}
```

定义 index2.html 页面，去使用 myutils2.js 模块：

```
<script type="module">
    // 导入 myutils2.js 模块
    import { sum,info } from './myutils2.js';

    let result = sum(10,30);
    console.log(result);
    info();
</script>
```

14.4.3 导出类

ES6 提出的 class 类，同样可以让其对外暴露，示例代码如下：

定义 myutils3.js 模块：

```
export class User {
    constructor(username, age) {
        this.username = username;
        this.age = age;
    }

    info() {
        console.log(`姓名是${this.username}:年龄是:${this.age}`);
    }
}
```

定义 index3.html 页面，去使用 myutils3.js 模块：

```
<script type="module">
    import { User } from './myutils3.js';

    let user = new User('HelloWorld',23);
    user.info();
</script>
```

14.4.4 导出时别名的使用

默认情况下，对外暴露的成员名称就是引入该模块时使用的名称，在 ES6 模块化中，支持在暴露成员的同时可以设置别名，那么在引入该模块时就必须使用对外暴露的别名。示例代码如下：

定义 myutils4.js 模块：

```
class Cat {
    constructor(username, age) {
        this.username = username;
        this.age = age;
    }
    info() {
        console.log(`动物是${this.username}:年龄是:${this.age}`);
    }
}


export {
    // 对外暴露时，通过 as 设置别名
    Cat as Animal
}
```

定义 index4.html 页面，去使用 myutils4.js 模块：

```
<script type="module">
    import { Animal } from './myutils4.js';

    let animal = new Animal('波斯猫',2);
    animal.info();
</script>
```

说明：对外暴露模块内部成员时，需要使用"as"关键字设置别名，同时在引入该模块时，必须使用对外暴露的名称，即通过别名的方式使用成员。

14.4.5　导入时别名的使用

定义 myutils5.js 模块：

```
export function add(num1, num2) {
    let result = num1 + num2;
    return result;
}
```

定义 index5.html 页面，去使用 myutils5.js 模块：

```
<script type="module">
    import { add as sum } from './myutils5.js';

    let result = sum(20,80);
    console.log(result);
</script>
```

在导入模块时，使用"as"关键字给导入的成员设置别名，之后就只能通过别名的方式去使用成员了。

14.4.6 一次性导入

在 ES6 模块化开发中，如果一个模块对外暴露的成员存在多个，为了使用方便，在引入模块时可使用 "*" 星号一次性导入全部暴露的成员，此时在导入模块时必须要设置别名。

定义 myutils6.js 模块：

```
let number = 20;
const age = 30;

function eat() {
    console.log('吃饭啦...');
}

class User {
    toString() {
        console.log('toString 方法');
    }
}

export {
    number,age,eat,User
}
```

定义 index6.html 页面，去使用 myutils6.js 模块：

```
<script type="module">
    import * as obj from './myutils6.js';

    console.log(obj.number, obj.age);
    obj.eat();
    new obj.User().toString();
</script>
```

14.4.7 default 默认导出

在之前的小节中所介绍的其实是命名导出，在使用 import 命令导入模块时，需要知道该模块对外暴露的成员名称，否则是无法使用的。但是有时不方便获取模块对外暴露的成员名称，或者是希望用更加简单的方式，比如任意的名称来表示暴露的成员，便可以选择默认导出。示例代码如下：

定义 myutils7.js 模块：

```
// 定义求和函数，函数名称是 add
function add(num1, num2) {
    let result = num1 + num2;
    return result;
```

```
    }

    // 使用 default 指定默认导出
    export default add;
```

定义 index7.html 页面，去使用 myutils7.js 模块：

```
<script type="module">
    import sum from './myutils7.js';

    let result = sum(20,80);
    console.log(result);
</script>
```

默认导出，使用"export default"方式，通过上述代码可以看出，对外暴露的默认名称是 add，在引入模块时可以自定义名称。

注意：一个模块只能有一个默认导出，而且一般来说，如果一个模块只有一个成员要导出的话，一般会选择默认导出。

14.4.8 命名导出和默认导出混合使用

在一个模块中，命名导出和默认导出是可以混合使用的。在引入模块的时候，该怎么使用依然怎么使用，但要注意的是，一个模块只能有一个默认导出。示例代码如下：

定义 myutils8.js 模块：

```
let number = 10;
const username = 'HelloWorld';

function add(num1, num2) {
    let result = num1 + num2;
    return result;
}

// 命名导出
export {
    number,
    username
}
// 默认导出，一个模块只能导出一个
export default add;
```

定义 index8.html 页面，去使用 myutils8.js 模块：

```
<script type="module">
    import sum, {number,username} from './myutils8.js';

    let result = sum(40,70);
    console.log(result);
    console.log(number,username);
</script>
```

14.5 动态引入模块

在 ES6 中，import 命令只支持通过静态的方式确定导入，无法去动态引入模块。如果有动态引入模块的需求，需要使用"import()"语法。

14.5.1 需求

需求：根据不同的判断条件，加载不同的模块。

首先定义 A.js 模块，代码如下：

```
export let number = 20;
```

再次定义 B.js 模块，代码如下：

```
export let age = 30;
```

最后定义 index.html 页面，代码如下：

```
<script type="module">
    let username = 'helloworld';
    if(username === 'helloworld'){
        import {number} from './A.js';
    }else{
        import { age } from './B.js';
    }
</script>
```

运行测试：程序会报错，因为 import 仅仅支持静态导入，import 声明只能出现在模块的顶层。

14.5.2 import()表达式

首先需要明确的是，"import()"表达式是用来动态导入模块的，并且调用完毕之后会返回一个 Promise 对象，在 then 成功的回调中，可以获取加载后的模块信息。对于上例需求解决，请看如下代码示例：

```
<script type="module">
    let username = 'helloworld';
    if(username === 'helloworld'){
        import('./A.js').then(function(result){
            console.log(result.number);
        });
    }else{
        import('./B.js').then(function (result) {
            console.log(result.age);
        });
    }
</script>
```

第14章 模块化

267

"import()"调用的时候，参数是模块的路径，需要注意的是，动态导入模块在常规脚本中工作时，不需要"type=module"可以不设置。

"import()"看起来像是一个函数调用，但是它仅仅是一种特殊语法，有点类似于typeof()和super()。

14.5.3　动态引入模块的使用场景

① 条件加载：根据不同的条件，有选择性地去加载不同的模块。

② 按需加载：不需要事先加载模块，当用户触发某个动作时再加载模块，比如用户点击了按钮才加载模块。

③ 动态的模块路径：如果模块的路径是程序需要动态生成的，则需要动态引入模块。

小结

本章介绍了客户端浏览器的模块化开发，采用的是ES6的模块化标准规范。模块化开发由两个命令构成，一是export对外导出，二是import导入模块。下面具体总结几点。

① 模块通过export命令可以导出成员，包括变量、常量、函数、类、对象等；

② 一个模块只有对外暴露成员，其他模块才能使用暴露的成员，模块与模块间是相互隔离的；

③ 在模块中，使用export default命令对外只能暴露一次，并且可以使用任意的变量名去import导入；

④ 在一个模块中，可以同时使用export default和export导出成员；

⑤ 使用export对外导出成员，在import导入时必须使用特定的名称，并且需要用{}来接收；

⑥ 使用export对外导出多个成员时，可以根据使用需要按需import导入某些成员；

⑦ 多次import导入模块时只会被引入一次，即模块只会被加载一次；

⑧ import导入模块有提升效果，即可以先使用成员再import导入模块；

⑨ 模块与模块之间也可以实现导入import。